外来入侵生物防控系列丛书

黄顶菊监测与防治

HUANGDINGJU JIANCE YU FANGZHI

付卫东　张国良　王忠辉　等　著

中国农业出版社
农村读物出版社
北　京

著　者：付卫东　张国良　王忠辉
张瑞海　张宏斌　陈宝雄

著　者：付卫东　张国良　王忠辉
张瑞海　张宏斌　陈宝雄

前言

QIANYAN

外来生物入侵已成为造成全球生物多样性丧失和生态系统退化的重要因素。我国是世界上生物多样性较为丰富的国家之一，同时也是遭受外来入侵生物危害较为严重的国家之一。防范外来生物入侵，需要全社会的共同努力。通过多年基层调研，发现针对基层农技人员和普通群众防控外来入侵生物的科普读本较少。因此，我们组织编写了“外来入侵生物防控系列丛书”。希望在全社会的共同努力下，让更多的人了解外来入侵生物的危害，并自觉参与到防控外来入侵生物的战役中来，为建设我们的美好家园贡献力量。

黄顶菊原产于南美洲（阿根廷、巴拉圭、巴西、秘鲁、玻利维亚、厄瓜多尔、智利）。2001年，黄顶菊在我国河北衡水湖被发现后，截至2017年，在国内的分布地区有台湾、河北、天津、山东、河南、山西。其中，在大陆地区共 146 个县 541 个乡（镇）。黄顶菊喜光、喜湿，并且根系发达，吸收力强、耐旱、嗜盐，是一种抗逆性强、结实量极大的杂草，偏爱的生境包括：废弃的工地、厂矿和滨海等富含盐分及矿物质的地区，在靠近河、溪旁的水湿处、悬崖峭壁、原野牧场、房前舍后、弃耕地、道路两旁等地区都能生长，分布海拔范围为250～2 800 m。在黄顶菊发生区，与其他植物争光、争湿，挤占其他植物的生存空间，只要有黄顶菊的地方，其他植物都会迅速枯萎，难以生存。黄顶菊的根系能产生化感物质，会抑制其他植物生长，并最终导致其他植物死亡。黄顶菊入侵农田，会给农作物造成产量损失，并影响农业生态环境安全。《黄顶菊监测与防治》一书系统介绍了黄顶菊分类地位、形态特征、生物学与生态学特性、检疫、调查与监测和综合防控等知识，为广大基层农技人员识别黄顶菊，开展防控工作提供了技术指导。

本书由农业农村部农业行业标准制修订项目（2130109）资助。

著　者

2019年8月

目录

MULU

第一章
黄顶菊分类地位与形态特征

第一节　分类地位

一、系统界元

黄顶菊隶属于双子叶植物纲（Dicotyledoneae）桔梗目（Campanulales）菊科堆心菊族（Flaveriinae-Asteraceae）黄菊属（*Flaveria*），一年生草本。学名*Flaveria bidentis* (L.)Kuntze；异名二齿黄菊；英文名yellowtop，coastal plain yellowtops；中文别名南美黄顶菊。原产地为南美洲巴西、阿根廷的热带地区。

二、黄菊属（*Flaveria*）简述

一年生或多年生草本或灌木，高0.5 ~ 2.5（~ 4）m。茎直立或匍生，生长后期多呈红紫色，多

分枝。叶茎生，对生或交互对生；长圆形至卵形、披针形、线形，具柄或无柄；叶基部或呈近合生至抱茎状：全缘，或有锯状，或针状锯齿，无毛或被短柔毛，常具3脉。头状花序盘状（无舌状花）或辐射状（有舌状花），通常聚合成紧密或松散的、顶部平截的伞房或团伞状复合花序；总苞长圆形、坛形、圆筒形或陀螺形，直径0.5 ~ 2 mm，总苞片宿存，2 ~ 6（~ 9）片，线形、凹状或船形；花托凸起，无托苞（而团伞花序的“花托”或被毛）；外围小花（边花，以下称舌状花）无或1 ~ 2枚，雌性，可育，花冠舌状，黄色或白黄色（舌瓣不明显）；中央小花（盘花，以下称管状花）1 ~ 15枚，两性，可育，花冠管状，黄色,5裂，裂片近等边三角形，檐部漏斗状至钟状，不短于冠筒。瘦果或为连萼瘦果，黑色，略扁平，窄倒披针形或线状长圆形；无冠毛或宿存，2 ~ 4 mm，呈透明鳞片状或聚合呈冠状。染色体基数：$X = 18$条（张国良等，2014）。

黄菊属共有23种植物，多数分布于北美洲南部，1种仅分布于澳大利亚；2种为全球性分布，分布地遍及北美洲、南美洲、西印度群岛、亚洲、非洲及欧洲。

黄顶菊模式标本见图1-1。

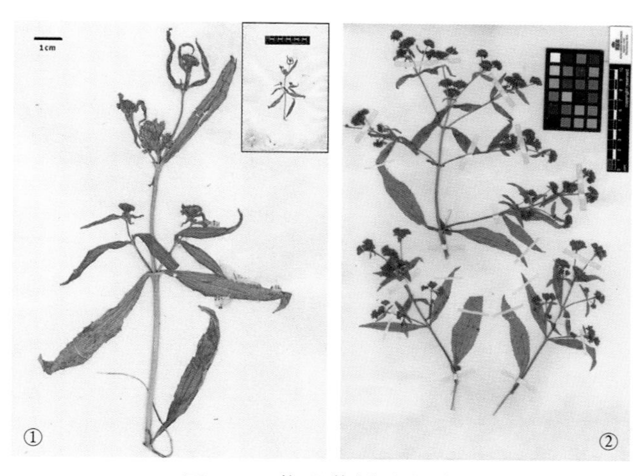

图1-1　黄顶菊模式标本
（①由英国伦敦林奈协会提供；②现藏于西班牙马德里皇家植物园，馆藏条码MA240685）

三、黄顶菊译名

国内学者对外来植物黄顶菊［*Flaveria bidentis* (L.) Kuntze］的译名有两种看法。高贤明等（2004）根据其拉丁名的中文意思，认为译为黄顶菊比较恰当，将属名译为黄顶菊属比黄菊属更为恰当，译为黄菊属也未尝不可。刘全儒（2005）又将其命名为二齿黄菊，隶属于黄菊属。两个研究报道中植物鉴定人同为陈艺林先生。从目前的情况来看，黄顶菊这一名称被普遍使用，可能与该名称首次出现有关，对于属的译名两位学者意见比较统一（任艳萍等，2008；武文超等，2019）。故本书中属名采用了黄菊属，种名采用黄顶菊。

四、分种检索表

黄菊属内各种植物分种检索表，内容如下：

1. 瘦果有冠毛

2. 叶抱茎，叶最宽4 ~ 5 cm ……………………………………22. 贯叶黄菊

2. 叶基部略合生，叶最宽0.7 cm ……………………………………23. 麦氏黄菊

1. 瘦果无冠毛

3.（复合花序的）“花托”被刚毛

4. 瘦果长2 ~ 2.6 mm …………………………………………… 3. 腋花黄菊

4. 瘦果长2.3 ~ 4.5 mm ………………………………………… 4. 澳洲黄菊

3. “花托”光滑

5. 一年生植物

6. 头状花序簇生呈团伞花序状

7. 舌状花舌瓣反折，卵形。长1.5 ~ 2.5 mm………………… 5. 碱地黄菊

7. 舌状花舌瓣直立，最长约1 mm

8. 叶多披针状椭圆形，宽1 ~ 2.5(~ 7) cm ………………… 1. 黄顶菊

8. 叶窄披针形至线形，宽3 ~ 5(~ 7) cm ………………… 2. 狭叶黄顶菊

6. 头状花序呈松散簇状

9. 舌状花舌瓣最长2 mm

10. 管状花冠檐部呈狭漏斗状 …………………………… 6. 帕尔默黄菊

10. 管状花冠檐部扩大呈阔漏斗状或钟状 ……………… 7. 伪帕尔默黄菊

9. 舌状花舌瓣最短3 mm

11. 管状花1 ~ 2(~ 3)；瘦果长1.3 ~ 2.2 mm ………………… 8异花黄菊

11. 管状花5 ~ 8(~ 10)；瘦果长约1 mm ……………………… 9.散叶黄菊

5. 多年生植物

12. 总苞片3 ~ 4

13. 舌状花无舌瓣

14. 头状花序呈紧密聚集状 ……………………………………11.普林格尔黄菊

14. 头状花序松散聚集呈圆锥花序状 …………………………13.克朗氏黄菊

13. 舌状花有舌瓣

15. 植株上部密被短柔毛 ………………………………………12.鞘叶黄菊

15. 植株上部无毛或近无毛

16. 叶片宽0.2 ~ 0.4 mm，全缘 ………………………………14.柯氏黄菊

16. 叶片宽0.8 ~ 3.4 mm，叶缘锯齿或微刺、鲜全缘

17. 管状花5 ~ 7……………………………………………………10.狭叶黄菊

17. 管状花3…………………………………………………………15.显花黄菊

12. 总苞片不少于5

18. 舌状花无舌瓣

19. 植株密被短柔毛 ……………………………………………17.毛枝黄菊

19. 植株近无毛，偶被短柔毛，但密度适中 …………………18.对叶黄菊

18. 舌状花有舌瓣

20. 管状花9 ~ 14 ………………………………………………19.佛州黄菊

20. 管状花通常不多于10

21. 叶缘非全缘，为锯齿或小刺；总苞片4 ~ 5，线形………………

……………………………………………………………………16.索诺拉黄菊

21. 叶全缘或略有锯齿；总苞片5 ～ 6

22. 总苞片线形或长圆形；头状花序紧密聚集；舌状花舌瓣长圆状椭圆形………………………………………………………………………20. 线叶黄菊

22. 总苞片船形；头状花序聚集程度较松散；舌状花舌瓣卵圆形至倒状匙形……………………………………………………………………21. 布朗黄菊

第二节　形态特征

郭琼霞、黄可辉（2009）描述了黄顶菊形态特征。黄顶菊植株高10.0 ～ 250.0 cm。黄顶菊手绘图见图1-2。

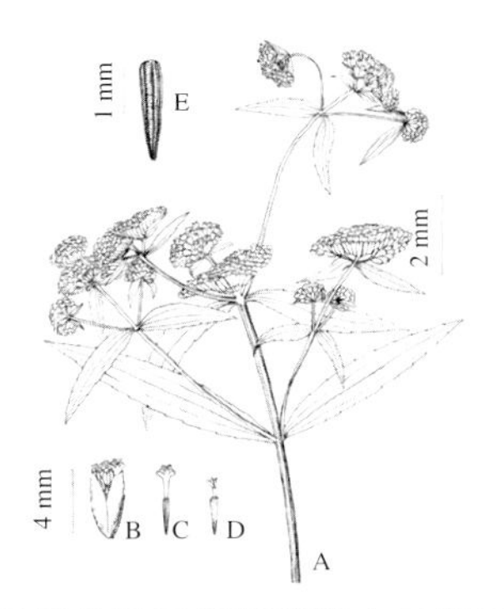

①华北地区黄顶菊形态示意图
（刘全儒，2005）
A. 植株　B. 头状花序　C. 管状花
D. 舌状花　E. 瘦果

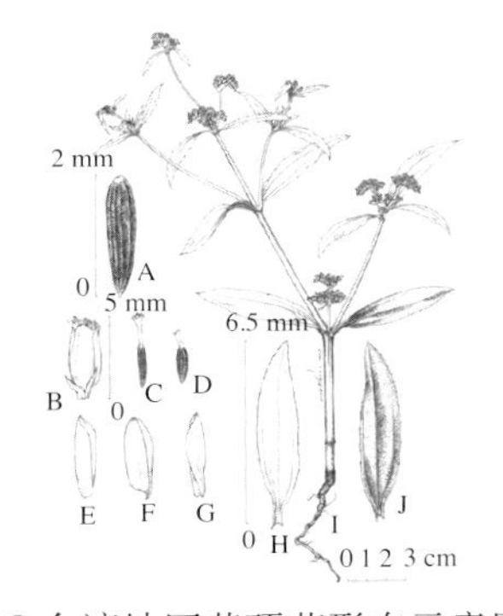

②台湾地区黄顶菊形态示意图
（曾彦学等，2008）
A. 瘦果　B. 头状花序　C. 管状花
D. 舌状花　E ～ G. 总苞片　H. 叶正面
I. 植株　J. 叶背面

图1-2　黄顶菊手绘图

一、成株

主根直立，须根多数。茎直立，直径可达1.5 cm，茎具数条纵沟槽；茎下部木质，常带紫色，无毛或被微绒毛。单叶交互对生，叶片披针状椭圆形，亮绿色，长3.0 ~ 15.0 cm，宽1.0 ~ 3.5 cm；叶片基生三出脉，脉纹上面较凹，背面较凸，无毛或密被短柔毛；叶片边缘具锯齿或刺状锯齿；下部叶具0.3 ~ 1.5 cm长的叶柄，叶柄基部近于合生，上部叶无柄或近无柄；对生叶的基部均可长出小分枝，与主干形成三叉式（图1-3）。

图1-3 黄顶菊植株（①②张国良摄，③④付卫东摄）

二、花

头状花序多位于主枝及分枝顶端，密集成蝎尾状聚伞花序；总苞长椭圆形，具棱，长约5.0 mm，黄绿色；总苞片3 ~ 4片，苞片卵状椭圆形，内凹，先端圆或钝；外苞片小，1 ~ 2片，长椭圆状披针形。边缘小花为舌状花，花冠较短，长1.0 ~ 2.0 mm，黄白色，舌片不突出或微突出于闭合的小苞片外，直立，斜卵形，先端尖，长约1.0 mm或更短；心花为管状花，3 ~ 8枚，花冠长约2.3 mm，冠筒长约0.8 mm，檐部长约0.8 mm，漏斗状，裂片长约0.5 mm，先端尖；花药长约1.0 mm（图1-4）。

图1-4　黄顶菊花（韩颖摄）

三、果实

果实为瘦果，黑色，稍扁，倒披针形或近棒状，无冠毛，果实上部稍宽，中下部渐窄，基部较尖；果实表面具10条纵棱，棱间较平，面上具细小的点状突起，直径可达0.7 ～ 0.8 mm；边花果长约2.5 mm，较大，长约2.5 mm，心花果约2.0 mm，较小；果脐位于果实的基部，小果脐外围可见淡黄色的附属物（图1-5）。

图1-5　黄顶菊果实（郑浩摄）

四、种子

种子单生，与果实同形；横切面椭圆形，周边纵棱可见；胚直立、乳白色、无胚乳。长约2 mm，边缘花的瘦果较大，长约2.5 mm，倒披针形或近棒状，无冠毛（图1-6）。

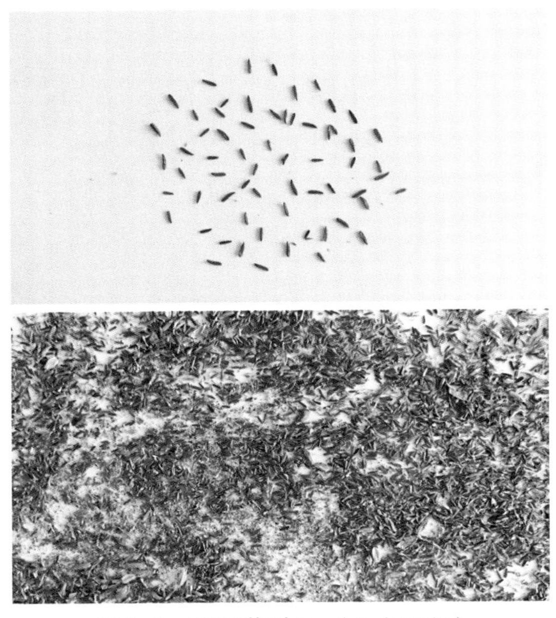

图1-6　黄顶菊种子（王忠辉摄）

第二章
黄顶菊扩散与危害

第一节　地理分布

一、世界分布

黄顶菊原产于南美洲（阿根廷、巴拉圭、巴西、秘鲁、玻利维亚、厄瓜多尔、智利），在美国、墨西哥、加勒比海地区（安提瓜、波多黎各、多米尼加、古巴）、亚洲（中国、日本）、欧洲（英国、法国、西班牙、希腊、匈牙利）、非洲（埃及、埃塞俄比亚、博茨瓦纳、津巴布韦、莱索托、纳米比亚、南非、塞内加尔、斯威士兰）有或曾有分布。

二、国内分布

黄顶菊于2001年10月在河北衡水湖被发现后，截至2017年，黄顶菊在国内的分布地区有台湾、河北、天津、山东、河南、山西。其中，在大陆地区共146个县541个乡（镇）（图2-1）。黑龙江省哈尔滨市南岗区王岗镇也有疑似“黄顶菊”的报道，但未经证实(李香菊，2006)。

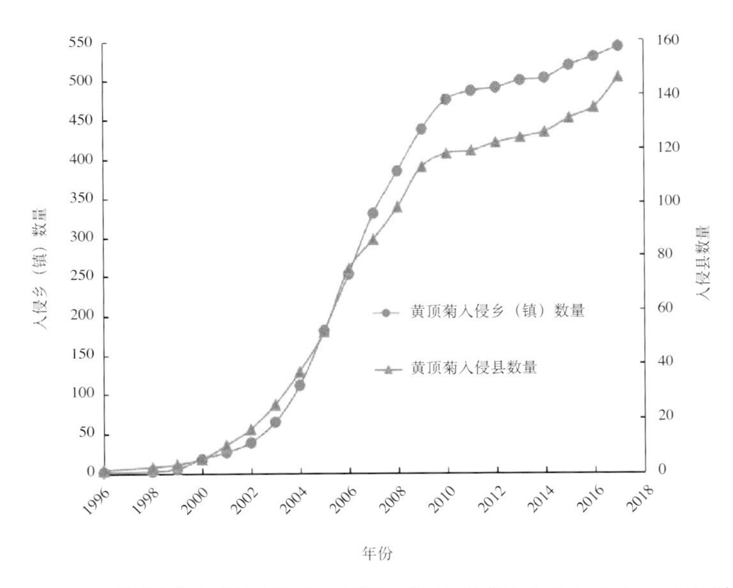

图2-1　黄顶菊入侵县和乡（镇）数量趋势图（郑志鑫，2018）

（一）黄顶菊在河北省的分布

黄顶菊在2001年河北衡水湖附近被发现后，2005—2006年李香菊等通过生态踏勘的方法，沿国道、省道及乡间道路数次对河北省及其周边地区黄顶菊的发生范围进行了调查。同时，在邯郸、献县、衡水、石家庄设立定位观察点，结合河北省植物保护站2006年的调查数据，认为当前黄顶菊在河北省主要分布于中南部，涉及保定、石家庄、邢台、沧州、衡水、邯郸、廊坊7个市的54个县（市、区）。其中，廊坊市2个县（区），保定市7个县（区），石家庄市7个县（区），沧州市2个县（区），衡水市5个县（区），邢台市18个县（区），邯郸市13个县（区）。发生面积约2万hm^2，侵入农田3 300 hm^2。其中，衡水、邢台、邯郸发生最重，发生面积占河北省的90%。同时，在实地调查中还发现，在河北省故城县与山东省武城县交界处有零星发生的黄顶菊植株（李香菊，2006）。经过2006—2007年连续两年的大规模疫情防控，黄顶菊疫情发生面积有所减少，但发生范围呈扩大态势。2007年调查统计，河北全省有 8 个市（保定、石家庄、邢台、沧州、衡水、邯郸、廊坊、唐山）89 个县（市）395个乡（镇）发生，有疫情分布点15万余个，发生面积1.71万hm^2（王贺军，2008）。

2008—2009年，河北省农业环保总站对除沧州以外8市68县广泛开展发生情况监测工作，综合沧州市农业局的普查结果，发现全省黄顶菊发生面积约2.4万hm^2。从黄顶菊整体分布来看，河北省中南部的邢台市、邯郸市、衡水市、石家庄市是黄顶菊的重发生区，分布广、密度大，保定市、廊坊市相对较轻，随着纬度的提高，发生面积逐渐减少。张家口市、承德市未发生。黄顶菊分布最多的生境为道路两侧，其次为沟渠、河堤（滩）、撂荒地、农田周边、林地。由于黄顶菊的生长习性，其主要分布在棉花、玉米、菜地周边，一些管理粗放的果园内部也有分布。黄顶菊种群密度区间在2%～60%，一般样地的黄顶菊密度在10%左右。

（二）黄顶菊在天津市的分布

2001年天津市首次在南开大学发现黄顶菊。自2006年开始，天津正式报道发现黄顶菊，当年发生面积将近200 hm^2；2007年发生面积进一步扩大，达到233.3 hm^2；2008年发生面积达到266.7 hm^2。天津市植保植检站2006年开展了黄顶菊的普查工作。普查发现，在红桥区、南开区、河北区、西青区、塘沽区、汉沽区、静海县、宝坻区和宁河县等地均有黄顶菊发生危害。其中，南开大学附近黄顶菊已经入侵到临近的数条街道；西青区临近天津农学院附近的开发区有黄顶菊连片严重发生；汉沽区汉沽化工厂和营城镇五七村附近黄顶菊生长十分茂盛，尤其是五七村附近的黄顶菊已经入侵到农田周围，严重威胁到当地农业生产安全；静海县发电厂及周围长满了黄顶菊并已经成为当地的优势种，电厂外的黄顶菊在2008年侵入到附近的棉花田、大豆田和果园，并且还有向其他临近农田扩散蔓延的趋势，同时团泊洼水库周围的堤岸上也长满了黄顶菊。其他区（县）的黄顶菊均属零星发生（王海旺等，2009）。

天津市农业环境保护管理监测站于2008—2009年在天津市12个区（县）展开了黄顶菊的全面调查。2008年黄顶菊在天津市静海、汉沽、西青、塘沽4个区（县）发现，合计面积为140 hm^2；2009年黄顶菊在天津市静海、汉沽、西青、蓟县4个区（县）发现，面积为366.67 hm^2。塘沽未发现黄顶菊，静海县连续2年发生黄顶菊面积较大、危害较严重，武清、宁河、宝坻、大港、北辰、津南6个区（县）未发现黄顶菊。通过2年的调查，发现黄顶菊在天津市主要分布在荒地、路边、沟渠、堤岸、农舍周边、绿化带等生境，侵入到农田的黄顶菊伴随着农事耕作已经基本铲除（贾兰英等，2010）。

（三）黄顶菊在山东省的分布

2006年9月，山东省首次在聊城市临清市刘垓子镇后李村京九铁路旁的荒地上发现了40余株黄顶菊。疫情发生后，山东省植保总站对黄顶菊进行全面普查和除治，10月在临清市先锋街道办事处银河纸业林业公司苗圃内、卫运河南岸及附近发现黄顶菊，发生面积计70余hm^2，其他地方未发现黄顶菊。2008年调查时，有少量传入聊城市东昌府区。2009年7月，在德州市武城县武城镇、广运街道办事处的道路两旁发现有成片生长的黄顶菊。2010年7月调查时，德州市有武城县、德城区、禹城市、平原县、陵县、宁津县、临邑县、夏津县8个县（市、区）24个乡（镇）发生，面积约19.3 hm^2，主要分布在道路两边、沟渠、地边、废弃工地、绿化带等处，未发现侵入农田，随即采取措施进行全面防除。9月底进行调查时，德州全市仅德城区、武城县、陵县、夏津县、平原县5个县（区）有零星发生，面积总计约0.3 hm^2，已基本铲除。2010年10月，在济南市商河县贾庄镇、平阴县安城乡和平阴镇、天桥区桑梓店镇和大桥镇等地发现有黄顶菊不同程度的发生（商明清等，2011）。2012年扩散到东营市广饶县（郑志鑫，2018）。

山东农业大学组织人员于2008—2010年对山东省黄顶菊分布范围、危害程度、扩散趋势进行了调查。结果表明，黄顶菊主要分布在聊城市的临清市、东昌府区和德州市的夏津县，经纬度范围36°28′～37°00′N，115°44′～115°58′E。2009年黄顶菊开花期危害面积达到459.03 hm^2，其中农业危害0.20 hm^2、林业危害15.33 hm^2、环境危害443.50 hm^2（刘宁等，2011；刘玉升等，2011）。

牛成峰等（2010）对山东黄顶菊扩散危害进行了调查，发现山东省境内与河北省接壤的聊城市、德州市等地发生比较重，济南市偶有发生。聊城市主要集中在临清市、冠县、高唐县、东阿县4个县（市）；德州市主要集中在禹城市、临邑县、齐河县、平原县、夏津县、武城县等地；济南市偶有发生，仅在平阴县部分乡（镇）有发生。除此之外，还调查了乐陵市、宁津县、商河县、济阳县、茌平县、阳谷县、陵县、清河县、梁山县、郓城县等地，这些地区均没有发现黄顶菊的发生。

李齐昌（2013）对德州市黄顶菊进行了调查，夏津、武城、平原、齐河、禹城、陵县、临邑、宁津及德州经济开发区9个县（市、区）发现黄顶菊发生，点数为122处，面积达30.53 hm^2。

（四）黄顶菊在河南省的分布

黄顶菊在入侵初期主要集中在安阳和濮阳两市（丁华锋，2009）。2006年8月，安阳市农业局对全市开展了农业有害生物普查时，在安阳县与河北省交界处的107国道漳河桥南约1 km处发现黄顶菊的疑似植株，最大面积为500 m^2。经河北省邯郸市植保植检站鉴定，确定为黄顶菊。经安阳市农业局对全市普查，在安阳县、内黄县、汤阴县、龙安区4个县（区）的10个乡（镇）均发现了面积不等的黄顶菊集中生长地，总面积为39亩* （王燕峰，2007）。黄顶菊在内黄县主要分布在城关镇、张龙乡、马上乡、楚旺镇、田氏乡5个乡（镇），并且在安楚路、内浚路、内中路等主要交通干道的两侧零星发生，发生面积约2 hm^2，在农作物大田尚未发现（王青秀等，2008）。储嘉琳等（2016）认为，黄顶菊在河南省的分布为黄河以北的广大区域。2011年扩散到鹤壁市，2016年扩散到郑州市，目前黄顶菊已经扩散到河南省开封市兰考县和三门峡市陕州区（郑志鑫，2018）。

第二节 发生与扩散

一、入侵生境

黄顶菊抗逆性强，耐盐碱，耐干旱，故黄顶菊的入侵生境较宽。主要发生生境为沟渠及干涸河道、河（湖）堤（滩）、撂荒地。除上述生境外，黄顶菊入侵

* 亩为非法定计量单位。1亩 = 1/15 hm^2。

生境还包括农田、林地、果园、公路两侧、生活区、城市绿地、道边、水库边、湖边、建筑垃圾堆放处、建筑工地等。

河北省沧州市农业局于2009年对黄顶菊发生情况进行了调查，全市发生的1 382.8 hm^2黄顶菊中，发生于农田的黄顶菊面积为237.4 hm^2，占黄顶菊发生总面积的17%；发生于林地的黄顶菊面积为25.33 hm^2，占黄顶菊发生总面积的2%；发生于非农生境的黄顶菊面积为1 120.06 hm^2，占黄顶菊发生面积的81%。发生于农田生境的237.4 hm^2黄顶菊，主要在菜地、果园、玉米田、棉田4种生境分布。玉米田和棉田由于管理粗放，故发生面积较大；菜地管理精细，防控措施到位，果园林木遮阳，不利于黄顶菊生长，故菜地和果园发生面积均较小。非农生境中的1 120.06 hm^2黄顶菊主要分布在河堤、沟渠、撂荒地、公路绿化带、乡村路边、生活区6种生境中（表2-1、图2-2）（王保廷，2012）。

表2-1　河北省沧州市非农生境黄顶菊的分布生境面积

单位：hm^2

非农生境黄顶菊面积	生境					
	沟渠	乡村路边	生活区	撂荒地	河堤	公路绿化带
1 120.06	291.13	303.13	179.13	152	130.8	63.87

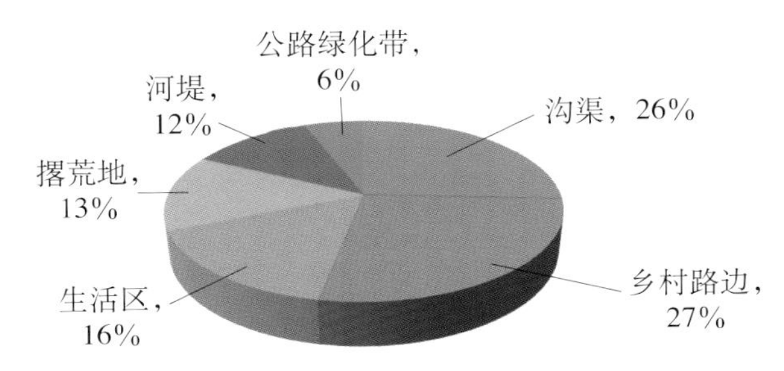

图2-2　河北省沧州市非农生境黄顶菊的分布占比

黄顶菊入侵玉米田、棉田、小麦田、大豆田、花生田、农田边、林地、路边、沟渠、河岸、湖边、荒地、生活区生境见图2-3至图2-13。

图2-3　黄顶菊入侵玉米田
(①张国良摄，②郑浩摄，③韩颖摄，④⑤付卫东摄)

图2-4 黄顶菊入侵棉田
（①②郑浩摄，③韩颖摄）

图2-5　黄顶菊入侵小麦田（张国良摄）

图2-6　黄顶菊入侵大豆田（付卫东摄）

图2-7　黄顶菊入侵花生田（韩颖摄）

图2-8　黄顶菊入侵农田边（①②张国良摄，③④郑浩摄）

图2-9　黄顶菊入侵林地（①韩颖摄，②郑浩摄，③张瑞海摄）

①
②

③

图2-10　黄顶菊入侵路边
(①⑤郑浩摄，②李香菊摄，③④韩颖摄)
①②乡村公路　③④高速公路　⑤铁道旁边

②
③
④

图2-11 黄顶菊入侵沟渠、河岸、湖边
（①②③⑤⑥郑浩摄，④韩颖摄）

图2-12 黄顶菊入侵荒地（韩颖摄）

图2-13　黄顶菊入侵生活区
（①李香菊摄，②郑浩摄，③付卫东摄）

二、传播扩散途径

（一）黄顶菊传播方式

黄顶菊传入我国的具体途径仍不清楚，根据外来入侵物种传入的3种入侵途径分析：黄顶菊原产地遥远，自然传播的可能性极小；黄顶菊不能作为牲畜饲料，可排除作为蔬菜、草坪植物、观赏植物等有意引入的可能。但黄顶菊可提取槲皮素等作为医药、染料或杀虫剂使用，所以有作为试验材料有意引入的可能；黄顶菊入侵最有可能的是无意引入，通过“搭载”进口种子或谷物而进入我国，也不排除旅客无意引入的可能（芦站根，2006）。

黄顶菊结实量大，一株黄顶菊能产数万至数十万粒种子（樊翠芹等，2008、2010），黄顶菊的传播与扩散主要是依靠种子来完成。从发生区扩散到非发生区的途径包括自然传播、风力传播、水流传播、动物传播、人为传播（图2-14）。

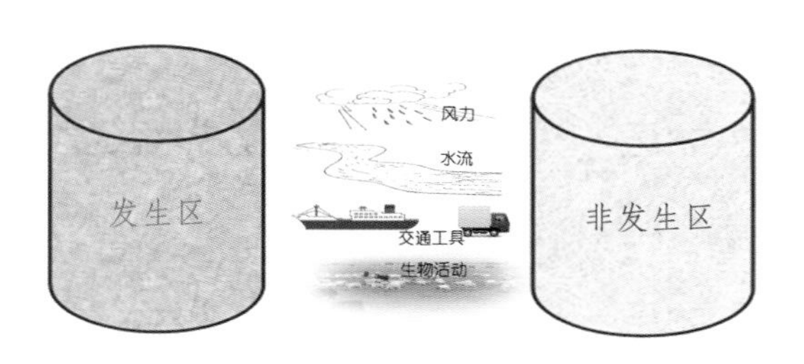

图2-14 黄顶菊扩散示意图

1. 自然传播　黄顶菊的果实为瘦果，种子个体小，无冠毛或翅等结构，自然传播能力差。秋末头状花序因干枯而开裂，部分果实脱落，散布在植株附近地面。野外调查发现，秋冬季在黄顶菊成熟植株的地表有大量的黄顶菊种子和果实，为翌年春季有效萌发奠定了基础。因此，自然传播的范围仅局限于植株附近的区域（图2-15）。

图2-15 黄顶菊种子自然传播（郑浩摄）

2.风力（气流）传播　许多菊科杂草的种子具冠毛，且种子较轻，能被微风轻易吹起而随风传播。风力越大，种子传播的距离越远。黄顶菊虽属菊科，但其种子无冠毛和刺等结构，不具备被风力长距离传播的条件。

自然风力很难刮断黄顶菊的枝干和花序。通过模拟试验发现，在高达24.9 m/s的10级狂风条件下，黄顶菊的枝干和花序仍未被刮断。2010年3月20日和4月26日，河北保定、邢台地区两次遭受达10 ~ 11级的大风天气，许多直径20 ~ 30 cm的树木被刮倒、枝干折断。然而，前一年的黄顶菊残株依然直立，并未折断。可见，黄顶菊枝干具有较好的韧性。此外，黄顶菊枝干稀疏、不挡风，可能是不易被风力折断的另一重要原因。如不受其他外因干扰，黄顶菊的枝干和花序在翌年5 ~ 7月仍可保持完整、直立的状态。干枯的花序中还带有大量具有萌发活力的种子。

黄顶菊为种子繁殖，种子量大，种子变黑成熟后，一般不脱落，只有外力晃动植株时部分种子才脱落，但大部分种子仍存留在植株头状花序的苞片内。因此，黄顶菊种子很容易随茎、枝、花序传播到其他地方。

外力折断的干枯枝干、花序和脱落的种子可以被风刮走（表2-2），移动的距离与风速的大小、地形和植被等有关，通常在几十米至几百米之内，风速大、地势平坦、植被稀少则移动的距离远，风速小、地形复杂、植被稠密则移动的距离近（表2-3）。模拟试验显示，黄顶菊种子通过风力迁移的距离约为10 m。实地调查也发现，在前一年发生黄顶菊的植株附近，顺风（东南）方向2 ~ 6 m距离间会有较多新的植株发生，10 m以外出苗极少，30 m以外未发现有黄顶菊出苗，而前一年在上述新的发生地并无黄顶菊发生。这说明，脱落至地表的种子随风漂移的距离并不远。由此可以推断，风力是黄顶菊种子近距离传播的重要途径。

表2-2 黄顶菊脱落部位开始移动的风速

脱落部位	大枝	小侧枝	花序	种子
风速（m/s）	1.9	2.8	2.0	4.4

表2-3 黄顶菊种子在不同高度、风力下迁移的距离

风速（m/s）	高度（cm）	最远迁移距离（m）
13	150	7.2
	100	6.8
	50	5.7
9	150	6.9
	100	5.8
	50	4.9
3	150	4.5
	100	4.3
	50	3.4

3.水流传播　调查发现，较大的黄顶菊鲜活植株落入水后，一、二级分枝很快下沉，三级以下分枝等较小的植株部分能不没于水面，在下沉前可维持2～3 d。这种能力在植株干枯后表现得更为突出。干枯的枝干、花序和种子可以在水面漂浮7～30 d，当植株体全部被浸润后才下沉（表2-4）。

表2-4 黄顶菊成熟植株不同部位在水中的漂浮时间

单位：d

项目	全株	一级分枝	二级分枝	花序	种子
新鲜	0.01	0.5	5	8	—
干枯	14	12	7	30	11

注：表中“新鲜”指割断后放入水中的鲜活黄顶菊成熟植株，“干枯”指自然成熟后变干的黄顶菊植株。

在野外，漂浮于河面的黄顶菊植株，在入水后不久即被风刮至岸边，或随河流的转向冲到岸边，通过

水流传播的过程旋即停止。通过这一途径传播的距离通常在数米至上百米，与河水流速、水面宽度、河道的弯曲度及风速有关。

2009年8月和11月，在河北省沧州市献县陌南镇的两次野外调查中，在东风干渠陌南村段近3 km的干渠两岸，黄顶菊的发生密度很高，但沿下游方向，黄顶菊发生密度逐渐减少。在2 km外的杏园村段的河堤上，已不见有黄顶菊发生。由此可见，黄顶菊可以随流水传播，但扩散的距离仍然有限。

尽管如此，黄顶菊通过这一途径的扩散并不可忽视。陆秀君等（2009）将黄顶菊种子进行持续浸水和极端低温处理，并观察了这些处理对种子萌发能力的影响。结果表明，经 −20℃低温冰冻处理90 d后，仍有部分种子萌发（表2-5）。而黄顶菊种子在进行冬季野外持续浸水处理后，翌年春季也能观察到部分种子萌发，说明黄顶菊种子具有很强的抗逆能力。

表2-5 花穗浸水对种子萌发的影响

时间（d）	平均发芽率（%）	时间（d）	平均发芽率（%）
CK1	59.0	60	26.5
15	47.0	75	13.5
30	43.0	90	10.5
45	32.0	CK2	58.5

注：CK1为室温15 d种子；CK2为室温90 d种子。

通过对山东黄顶菊的分布进行实地调查，发现黄顶菊大多分布在各市、县的主要交通干道两侧、田边、地头、废弃的货场、窑厂、垃圾存放点等处，为不均匀点片分布，尚未侵入农田危害，说明黄顶菊在山东的发生尚属于入侵初期。山东的最早发生地临清以及严重发生地武城、夏津等地均毗邻河北省最早疫情发生地衡水地区，且为京杭大运河沿岸，可以推测其极有可能是通过河水流动推进等方式传入山东的（商明清等，2011）。

综上表明，水流也是黄顶菊近距离传播的重要途径。在洪水发生时，是否能造成黄顶菊的远距离传播，仍有待进一步研究。但入侵沟渠、河流岸边的黄顶菊能通过水流近距离传播（图2-16）。

图2-16　黄顶菊通过水流传播（郑浩摄）

4.动物传播　动物携带传播是黄顶菊的重要传播途径。滕忠才等（2011）发现，牛、驴、羊、家兔、鸡取食含有黄顶菊种子的饲料后，粪便中均有完整的、有发芽力的种子（表2-6、表2-7）。由此可见，黄顶菊可以通过动物过腹传播。

表2-6　5种动物取食黄顶菊种子后不同时间单位粪便中种子数量的变化情况

单位：粒

天数(d)	动　物				
	牛	羊	驴	家兔	鸡
1	157.7 ± 10.50	9.5 ± 0.70	217.3 ± 13.32	3.5 ± 0.30	21.3 ± 2.08
2	40.0 ± 2.45	5.8 ±0.53	179.0 ± 6.24	0.3 ± 0.20	0
3	9.3 ± 2.05	1.6 ±0.35	110.0 ± 4.36	0	0
4	6.3 ± 1.25	0.2 ±0.00	13.33 ± 1.53	0	—
5	0	0.2 ±0.03	1.0 ± 1.00	—	—
6	0	0.02 ± 0.01	0	—	—
7	—	0	0	—	—
8	—	0	—	—	—

注：粪便的单位：驴是块，牛粪是指与一块驴粪相同体积的牛粪，羊、家兔粪是粒，鸡粪是10 g。黄顶菊种子粒数取平均值，保留一位小数。

表2-7　黄顶菊种子经5种动物过腹后的发芽率变化

单位：%

动物	饲喂后天数（d）					
	1	2	3	4	5	6
牛	25.3±6.03	20.3±3.06	10.0±0.00	0	—	—
羊	31.3±4.51	18.7±1.53	14.0±1.00	10.3±2.89	6.7±0.00	0

（续）

动物	饲喂后天数（d）					
	1	2	3	4	5	6
驴	19.3±2.08	13.7±4.04	8.3±2.52	4.0±0.00	0	—
家兔	10.0±1.73	5.0±1.00	—	—	—	—
鸡	11.7±3.06	—	—	—	—	—
CK	49.0±1.00					

黄顶菊种子经5种动物过腹后，排空时间及数量存在一定差别（表2-6）。多数种子于第1 d排除，这些过腹的种子仍具有发芽能力，但发芽率均显著低于对照（表2-7）。对于牛和驴等大型动物，随着时间推移，尽管饲喂4 ～ 6 d后仍有黄顶菊种子排出，但已失去萌发能力。这可能是由于种子长期存在于动物消化道内，动物的消化液对种子萌发产生了影响所致，说明过腹种子发芽能力与过腹时间有关。

将各种饲喂黄顶菊种子动物粪便撒施于田间，均有黄顶菊幼苗出现，但以驴、羊的出苗较多（表2-8）。由试验结果可知，黄顶菊种子在羊、驴、牛、家兔、鸡等动物肠胃内分别滞留6 d、5 d、4 d、2 d、1 d后，依然有田间出苗能力。结合取食黄顶菊种子的排空时间，建议对接触过黄顶菊的羊、驴、牛、家兔和鸡分别隔离检疫至少6 d、5 d、4 d、2 d和1 d后，再进行贸易外运。

表2-8　黄顶菊种子过腹后的田间出苗动态

单位：株

动物	饲喂后天数（d）					
	1	2	3	4	5	6
牛	6	0	0	0	0	0
羊	84	67	6	3	5	0
驴	186	149	4	2	0	0
家兔	31	19	—	—	—	—
鸡	43	—	—	—	—	—

试验中还发现，牛、羊不喜食干枯黄顶菊果枝，而驴、家兔比较喜食。此外，鸡较喜食黄顶菊枯干的花序。由此说明，驴、家兔、鸡（鸟类）内携传播黄顶菊种子的风险较大，牛、羊过腹传播的概率较小。

牛、驴、家兔、鸡均为圈（庭院）养，缺少与野外黄顶菊枯干植株接触的机会，所以自然传播的概率较小。在河北一些地方，羊多为放牧饲养，虽然羊不喜好吃黄顶菊枯干的果枝，但是放牧会增加其与黄顶菊枯干果枝的接触。调查发现，羊毛中夹杂有黄顶菊种子，说明其可以通过体表毛发近距离外附传播，也使通过皮毛贸易远距离传播成为可能（图2-17）。而衡水的枣强皮毛市场、武邑牲畜市场曾有大量黄顶菊滋生，显然可由上述传播方式所致。但两者间是否存在直接联系，还有待进一步研究。

调查还发现，蚂蚁可以搬运黄顶菊的种子。这些种子是否有机会萌发、生长结实，这一搬运行为对黄顶菊种子的传播是否有利，还有待进一步深入研究。

图2-17　黄顶菊种子通过黏附羊群皮毛传播（李瑞军摄）

5.人为传播　人为传播是植物扩散的重要途径，很多检疫性恶性杂草的扩散都是人类活动无意传播的结果，如长途运输、农产品贸易、农事操作等。黄顶菊的人为无意传播多通过附着于传播载体表面得以实现。

（1）交通工具。通过调查部分地区黄顶菊的蔓延和分布特点，发现道路两旁（老发生区出行一侧明显发生重，如献县县城以西的陌南村至县城的河堤路南侧）、废弃物堆放场（保定市南市区北沟头村、北市区太保营村）、客货运集散地（保定市南市区客运检查站、永年标准件城南侧、隆尧县华龙方便面厂区、唐海县化肥厂旧址）等场所在当地发生最重，特别是唐海县化肥厂旧址，周围几百公里内无黄顶菊入侵点，为一个孤立的发生点。

通过走访调查，认为济南市平阴县发生的黄顶菊是该县水利制管厂从聊城进水泥管带入的，已有3年的发生历史，目前已蔓延到该厂周围的道路两侧、加油站等处（商明清等，2011）。

黄顶菊在上述地区的发生情况表明，交通工具可能是其传播的主要载体，更有可能是远距离传播的主要方式（图2-18）。

图2-18 黄顶菊通过车辆运输传播（①李瑞军摄，②郑浩摄）

（2）农事操作。研究发现，作物轮作和收割等农事活动均可以短距离传播扩散杂草种子。调查发现，侵入玉米田的黄顶菊，秋季随秸秆收获被带回村镇，可导致村镇居民区的大发生。可见，农事操作可以在近距离传播黄顶菊。

（3）其他方式。随着大规模的基础设施建设，通过建筑施工机械跨区作业夹带，已经成为检疫性杂草传播的可能途径。在跨地区、跨省市的工程作业中，尤其是挖掘机等工程机械在跨地区运输的过程中可将疫区的泥土带至新的施工地，这些泥土中就可能携带了恶性杂草的种子。

在访问调查中，不少被访专家都提到建筑工地及周边扰动生境，并讨论了其作为传入和传播来源的可能性。在实地考察中，发现在不少地区的建筑垃圾堆积处有黄顶菊生长。但是，在黄顶菊已严重发生地区施工的机械，是否在转场施工的过程中导致了黄顶菊的传播，尚无相关研究加以证实。

另外，郑云翔等（2007）报道，由于黄顶菊花冠鲜艳，花枝被游人摘采，从而带到外地弃置导致其无意传播，或采种种植得以有意传播。早年在黄顶菊尚未报道时，上述无意传播有一定可能性。近年来，随着科学普及工作的深入，在有关部门的重视下，全民对黄顶菊的防范意识大幅提高。这一传播途径有望被切断。

在自然界中，各种传播机制之间并没有明确的界限，一种植物繁殖体的传播方式并不是唯一的，有很多植物的繁殖体同时具有多种传播机制，其具体的传播方式取决于植物生活的环境条件。黄顶菊种子可以通过气流（风力）、水流及动物携带近距离传播，也可通过农产品贸易、交通工具等人类活动远距离传播，甚至是几种方式组合式传播。因此，切断黄顶菊种子的传播途径，是控治黄顶菊最有效的措施，多管齐下，不放过任何可能的传播环节，才能起到事半功倍的效果。

（二）黄顶菊的扩散路径

如前文所述，人为传播是黄顶菊远距离扩散和成功入侵的重要途径。交通工具的发展，使得植物扩散的速度加快，同时也使扩散的路径更加复杂化，给外来有害生物的检疫工作和遏制措施的部署带来很大困难。基于同一原因，单一依靠疫区临近地区有无发生来推测扩散路径，已经无法满足预警工作的需要。

依靠植物在扩散过程当中发生的变异，可以重构其扩散路径。在这些变异中，最直接也是最易观察到的为遗传变异。李红岩等（2009、2010）在邢台、石家庄、沧州、保定四地采集黄顶菊样本，比较AFLP（amplified restriction fragment polymorphism）多态性。

根据结果得出推论，黄顶菊入侵四地顺序依次为石家庄、邢台、保定、沧州。这一路径的跨度和迂回的范围比较大，要解释四者在扩散路径上的联系需要进一步深入的研究。

马继伟等（2011）在河北、河南、山东、天津等地采集了28个黄顶菊居群样本，并对其中26个居群共605个个体基因组DNA的ISSR（inter-simple sequence repeat）多态性进行了分析比较（图2-19）。结果显示，

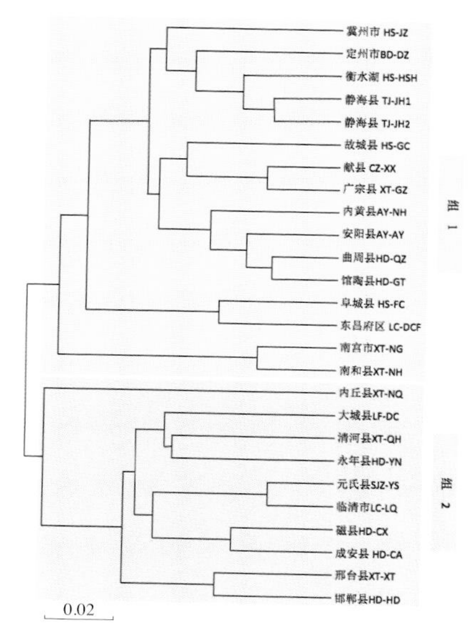

图2-19 利用26个黄顶菊居群ISSR多样性构建的聚类图

注：根据Nei遗传距离，节点支持率使用1 000 次自展检验（bootstrap permutation）。

黄顶菊种内遗传多样性丰富，Nei基因多样性指数（H_e）和香农－威纳多样性指数（I）分别为0.279和0.415。而居群内的遗传多样性表现不一，H_e和I值的范围分别为0.095～0.263和0.160～0.383。

通过非加权组平均法（unweighted pair group method with arithmetic mean，UPGMA）对上述样本进行聚类，26个居群可聚为两类：一组（组2）集中在106国道沿线，另一组（组1）集中在107国道沿线（图2-20）。然而，对605个样本进行主坐标分析

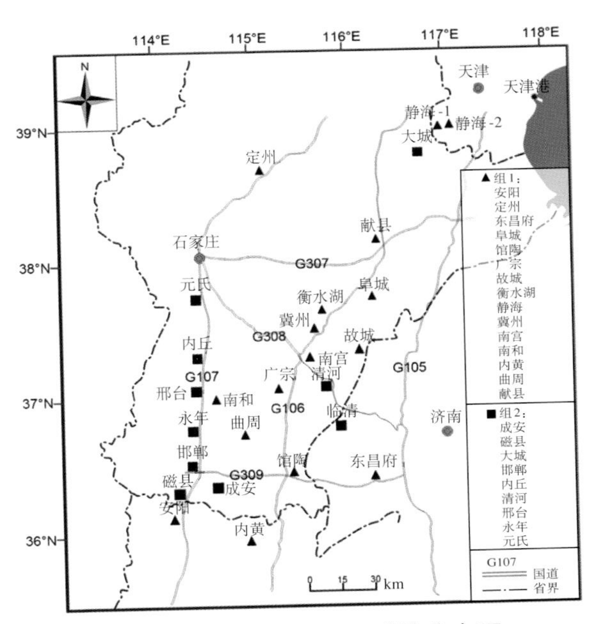

图2-20　26个黄顶菊居群的分布图

(principal coordinates analysis)，其界限并不明晰，来自同一居群的样本并未聚在一起。利用Mantel测验(mantel test) 考查遗传距离和地理距离的关系，结果显示两者并不明显相关。

由于这26个居群采集地大致覆盖我国黄顶菊发生区域，根据上述结果可以得出初步结论，在华北地区，黄顶菊主要沿106国道及107国道进行扩散。这一扩散方式也使黄顶菊多次、重复引入至发生地成为可能。

这一可能性不仅直接提高了居群内的遗传多样性水平，也对推断始入侵地及预测扩散趋势构成障碍。采集自黄顶菊始发现地衡水湖和天津的居群，其遗传多样性水平最高，H_e值为0.26 ~ 0.27，说明在这些地区黄顶菊重复侵入的可能性较其他地区更大。黄顶菊自花可育 (Powell，1978)，重复引入可以是防止种群内遗传多样性在定殖地退化的重要策略之一。因此，无论这些地区是否为始入侵地，遏制黄顶菊扩散的工作都不可轻视。

第三节 入侵风险评估

外来物种进入一个新的生态系统最终能否成为入侵物种主要取决于两方面因素：一是外来物种自身的

适生性能，二是该环境能否被外来物种入侵。通过对黄顶菊的生物学特性指标（适应性、生长特性、繁殖特性、传播方式）和入侵的生态环境（环境适宜因子、自然控制能力、人为干扰）2个方面进行分析，认为黄顶菊具有发展成外来入侵杂草的潜在危险性（芦站根等，2006）。

刘丰等（2008）采用B/S/S结构模式，运用ASP.NET+SQLSERVER语言，开发了外来生物入侵预警网络平台，并应用系统预警功能对黄顶菊在国内的发生地进行了预测。结果显示，我国大部分地区为黄顶菊适生区，这些地区集中在我国人口密度较高的东南部，大致在胡焕庸线东南、山海关以南（不包括海南和台湾）地区，还包括辽宁大部及毗邻的内蒙古东部局部地区和新疆局部地区等。

白艺珍等（2009）采用CLIMEX生态位模型，选取美国阿拉巴马州、佛罗里达州、佐治亚州、密西西比州以及波多黎各圣胡安和巴西马托格罗索州为参考点，与国内86个气象站点的气象信息比较，发现我国秦岭淮河以南地区与之相似。黄顶菊国内高适生区在20°～30°N，包括云南大部分地区、广西西南大部、贵州中南部、四川东南局部、重庆西南局部、海南全境、广东大部、福建西南大部分、台湾大部分地区、西藏东南角的部分地区。适生区包括四川中东部、贵州东部、重庆东部、湖南、湖北、江西、安徽、河南南部、江苏、浙江、福建北部、广东北部少部分地区、上海、陕西南部以及山东东部沿海的零星地区。边缘区集中在34°～40°N，陕西南部、河南北部大部分地区、山西南部局部地区、河北南部、天津、山东大部、辽宁南部海岸地区。而黄顶菊在我国的实际分布地（河北南部、天津、山东、河南等）仅在预测所得的边缘区内。

曹向峰等（2010）采用全球生物多样性信息网络（global biodiversity information facility，GBIF）获取的黄顶菊全球分布信息，结合出版物中记载的国内黄顶菊分布信息，根据Worldclim获得的生物气候、气候及海拔等32个环境因素信息，运用GARP、Maxent、ENFA、Bioclim和Domain 5种生态位模型算法对黄顶菊在国内的潜在适生区进行分析。通过对预测结果进行比较分析，认为最适合黄顶菊适生区分析的模型是Maxent模型，预测结果接近黄顶菊实际发生范围，即为河北中南部、京津地区、山东西北部及黄淮平原中部。

第四节 危 害

一、对农田的危害

由于黄顶菊是一年生植物，落入农田的瘦果出苗后，虽然很容易在农作物田间管理时被锄掉，而不易造成危害。但田边、垄沟、地头的黄顶菊易被忽视，成为传播的种源。黄顶菊一旦侵入农田，则会迅速泛滥并产生抑制作物生长的物质，造成农作物减产。

黄顶菊有较强的生长竞争性，入侵玉米地后可对玉米的产量产生较大的影响（图2-21）。当黄顶菊密度为10株/m^2以下时，玉米株高不受影响，但随着黄顶菊密度的升高，当形成具有一定规模的群体时，就能发挥优势，从而抑制玉米的生长，同时影响玉米的叶面积指数和田间透光率。在华北地区，黄顶菊的发生对玉米造成危害，其危害程度随着黄顶菊密度的增加而趋于严重。黄顶菊发生密度分别为5株/m^2、10株/m^2、20株/m^2、30株/m^2和40株/m^2时，玉米产量损失率分别为4.8%、12.3%、21.3%、28.4%和33.7%。但黄顶菊发生密度在40株/m^2以下时，对玉米株高和单位面积的穗数并无明显影响，产量损失主要为单穗重降低所致。黄顶菊密度与玉米产量之间的函数关系为$y=-0.0113x^2+1.3013x-0.3604$，$R$=0.997 9。根据黄顶菊密度与玉米产量损失的关系模型，得出黄顶菊的防治阀值为3.5株/m^2。

图2-21　黄顶菊对玉米产量的影响（倪汉文提供）
①黄顶菊密度为20株/m^{2}条件下　②黄顶菊密度为5株/m^{2}条件下

黄顶菊入侵棉田后，对棉花的生长，发育和产量造成严重的影响（图2-22）。王贵启等（2011）研究了黄顶菊对棉花生长及产量的影响，黄顶菊发生密度在40株/m^{2}下，对棉花出苗和苗期生长没有影响，但对棉花中、后期生长有严重抑制作用，导致棉花株高低、茎秆细、现蕾晚、蕾铃少，部分植株死亡。黄顶菊对棉花产量影响比较大，当密度为1 ~ 40

株/m^{2}时，棉花产量损失为32%～95%。棉花产量损失（YL）与黄顶菊发生密度（D_w）之间的函数关系为YL=66.230 4D_w/（1+ 66.230 4D_w/100），R= 0.977 9。彭军等（2012）研究了黄顶菊与棉花的竞争作用。结果表明，当黄顶菊密度每米行长达0.5株以上时，棉花现蕾期明显推迟，茎秆变细，果枝数、蕾铃数等产量因子显著降低，但株高、4 m行长棉株数和纤维品质未受明显影响；黄顶菊与棉花共生期达4周以上，棉花主

图2-22　黄顶菊对棉花产量的影响（倪汉文提供）
①黄顶菊密度为1株/m^{2}条件下　②黄顶菊密度为10株/m^{2}条件下

茎直径明显下降；共生期达8周以上，棉花产量显著降低。由此得出，黄顶菊对棉花具有较强的入侵性和竞争性，应在密度每米行长低于0.5株、共生期达8周前进行防除，初步确定其棉田防除经济阈值为每米行长0.25株。

二、对生态多样性的危害

黄顶菊扩散速度极快，这与其强大的繁殖能力及种子随时成熟、随时落粒的生物学特性相关。黄顶菊适生地广泛，对未发生其危害的周边地区造成较大威胁，我国的华北、华中、华东、华南及沿海地区都有可能成为黄顶菊入侵的重点区域。一旦黄顶菊大面积、高密度发生，就有可能导致入侵地植物多样性降低。

李香菊等（2006）通过调查发现，入侵地因为传入时间早晚，黄顶菊密度在不同地点有很大差异。在传入较早的地点，密度较大，子叶期可达20 000株/m^2以上。但随着植株生长和互相之间的竞争，大部分植株死亡，至开花始期一般密度为150 ～ 400株/m^2。这些地点已经形成了近于单一的黄顶菊群落。如在衡水湖附近一取样点，黄顶菊群落的伴生植物仅有圣柳和猪毛菜，而周围无黄顶菊生长的样点内则有狗尾草、藜、柽柳、猪毛菜、马唐等植物。传入稍晚的地点黄顶菊密度较低，如2005年在邯郸赵王城发现1株黄顶菊，2006年该点黄顶菊仅呈零星分布，伴生杂草种类较多，有狗尾草、猪毛菜、碱蓬、鹅绒藤、苍耳、反枝苋等。

郑云翔（2007）通过对衡水湖附近黄顶菊进行调查，发现黄顶菊对其他植物有抑制作用，能与黄顶菊伴生的物种很少，仅有地肤、小藜、稗草、齿果酸模、葎草、碱蓬、朝天委陵菜等。

刘宁（2013）选择黄顶菊入侵的林地、荒地和沟渠作为调查对象，研究了黄顶菊入侵对不同生境土壤动物群落的影响。对地表土壤动物多样性的研究表明，黄顶菊入侵3种生境后并未引起地表土壤动物多样性的降低；相反，黄顶菊植株的生长能够起到遮阳作用，从而为蚁科、等足目、蟋蟀科和蜘蛛目等地表土壤动物类群提供栖息地和隐蔽所，最终引起地表土壤动物多样性的升高。对地下中小型土壤动物多样性研究表明，由于黄顶菊入侵3种生境后能够改变土壤有机质、全氮、全磷和全钾等主要土壤养分含量，进而影响中小型土壤动物优势类群的分布。所以，黄顶菊入侵3种生境后并未引起中小型土壤动物多样性的降低；相反，黄顶菊植株的生长能够影响中小型土壤动物优势类群的数量和分布，并引起中小型土壤动物多样性的升高。

三、改变土壤的理化性质，导致耕地退化

黄顶菊对土壤肥力吸收强，可降低土壤的营养水平。由于黄顶菊属嗜盐植物，其大量生长的土壤盐分增加，pH改变，影响其他植物的生存。此外，黄顶菊体内的槲皮素等次生代谢物，可因落叶的分解而影响土壤的微生物生态，破坏土地的可耕作性。

从河北省黄顶菊发生地最早发源地献县、国家自然保护区衡水湖畔采集5个主要经济作物种植地的土壤样品做盆栽试验，模拟研究自然状态下黄顶菊入侵对土壤环境的影响。这些所选择的不同生境地理化性质的本底值是有差异的，其中，献县枣林土营养状况最好，献县棉田土、献县玉米田土、衡水玉米田土营养状况相对较差。研究发现，黄顶菊根系分泌物在苗期和生长期对土壤理化性质的影响不大；在不同生境地条件下的开花期，黄顶菊根系分泌物对土壤理化性质都有影响，pH相对于本底值略有升高，献县枣林土、衡水棉田土、献县棉田土、献县玉米田土、衡水玉米田土，全氮相对于本底值分别为120.7%、118.7%、105.1%、157.0%、160.0%，均略有上升；速效钾相对于本底值分别为57.5%、50.6%、50.9%、44.9%、51.9%，均降为原来的一半左右；有机质分别为本底值的68.3%、88.7%、101.3%、98.3%、111.2%，

变化不明显；全盐含量分别为本底值的398.8%、535.3%、140.0%、275.7%、326.9%，均有较大的提高。只有有效磷指标表现较不一致，其他6个指标表现较为一致（表2-9）。从总体上看，黄顶菊根系分泌物对土壤理化性质的影响表现为消耗了一部分有效钾，在开花期积累了大量的盐，改变了土壤的性质，使土壤盐碱化加剧。

表2-9　黄顶菊根系分泌物对土壤理化性质的影响

不同生境地	不同生长期	pH	全氮（%）	有效P（mg/kg）	速效K（mg/kg）	有机质（%）	全盐含量（mS/cm）
献县枣林土	未种	8.0	0.095	21.8	215	1.96	0.323
	苗期	8.3	0.102	42.4	245	1.45	0.450
	生长期	8.5	0.109	44.4	242	1.49	0.364
	开花期	8.6	0.115	27.1	124	1.34	1.288
衡水棉田土	未种	8.3	0.083	20.7	129	1.28	0.232
	苗期	8.6	0.088	29.0	156	1.37	0.273
	生长期	8.7	0.090	25.3	144	1.31	0.247
	开花期	8.7	0.099	21.8	65	1.14	1.242
献县棉田土	未种	8.4	0.053	7.4	76	0.80	0.562
	苗期	8.7	0.058	13.9	86	0.86	0.412
	生长期	8.7	0.071	3.7	44	0.86	0.300
	开花期	8.7	0.056	3.8	39	0.81	0.787

（续）

不同生境地	不同生长期	pH	全氮（%）	有效P（mg/kg）	速效K（mg/kg）	有机质（%）	全盐含量（mS/cm）
献县玉米田土	未种	8.2	0.071	2.1	116	1.38	0.416
	苗期	8.4	0.073	2.8	110	1.28	0.378
	生长期	8.5	0.070	2.1	60	1.16	0.526
	开花期	8.6	0.112	5.2	52	1.36	1.147
衡水玉米田土	未种	8.6	0.050	1.8	208	0.69	0.294
	苗期	8.6	0.068	6.6	227	0.93	0.412
	生长期	8.4	0.069	7.6	232	0.89	0.425
	开花期	8.6	0.084	10.2	108	0.77	0.961

对于不同时期黄顶菊根系微生物的分布规律，研究发现，在没有种黄顶菊的土壤上，苗期、生长期、开花期的微生物数量变化不大。而种植黄顶菊后，黄顶菊根系分泌物对土壤微生物群落产生了一定影响。细菌数目在苗期激增，高达对照的10.89倍，但在开花期，出现急剧下降现象，甚至低于本底值；真菌、放线菌在苗期活力也比较旺盛，数目分别为对照的2.84倍、3.12倍，与细菌一样，在开花期也表现下降趋势，但仍高于本底（图2-23）。

研究不同生境黄顶菊根系分泌物对土壤微生物群落影响发现，供试不同生境土壤中各种微生物数量都

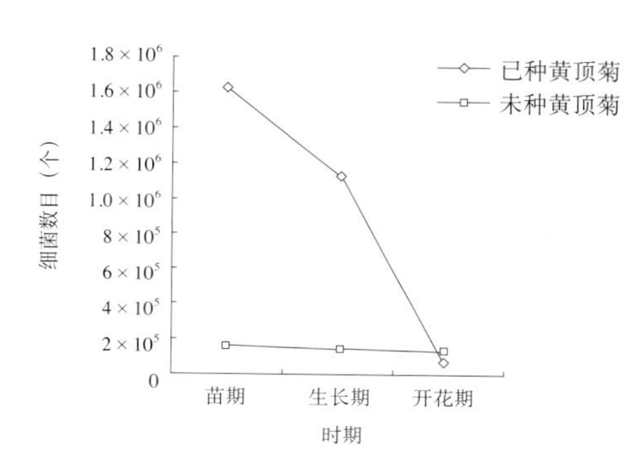

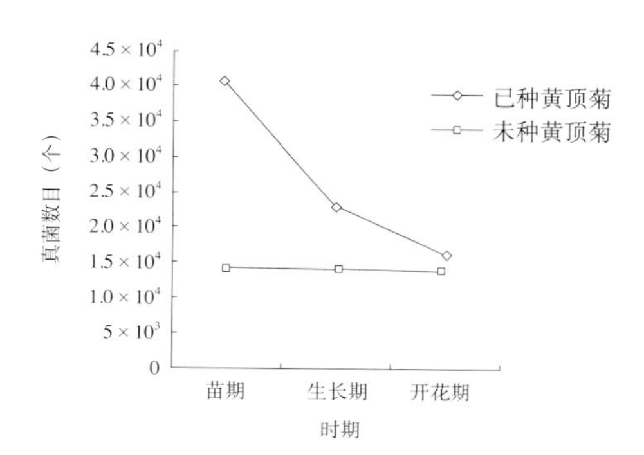

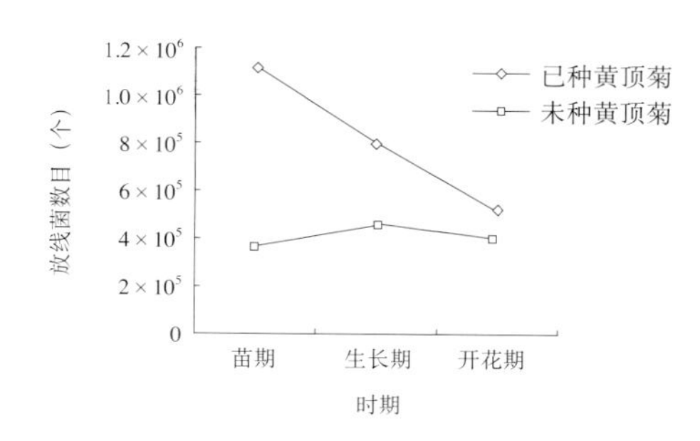

图2-23　不同时期黄顶菊根系分泌物对衡水棉花土壤微生物的影响

存在明显差异，在数量上表现为细菌较多、放线菌略低、真菌最少。但细菌、放线菌数量接近，是真菌数目的数倍。这可能由于土壤本身偏碱性，而真菌的适宜生长环境在酸性条件下，所以真菌数目最少。5种不同生境黄顶菊根系分泌物，微生物对土壤刺激程度不同，总量是衡水玉米田土壤最少，献县枣林土最多，种群结构变化不显著。这主要由于献县枣林土营养状况最好，衡水玉米田土壤营养状况最差，可能因为黄顶菊在肥沃的土地上生长旺盛，根系分泌物多，从而刺激了根系微生物的生长繁殖。

不同生境黄顶菊根系分泌物对土壤微生物群落的影响，在不同时期表现也有差异。细菌数目在献县枣林土苗期达到最高，约是其他几种生境同期数目的2倍。细菌数目在5种生境生长期间黄顶菊根系分泌物对土壤微生物群落表现一致，在苗期，微生物生长繁殖迅速，特别是献县枣林土，苗期高达对照的21倍，从苗期到开花期，细菌数量均显著下降。真菌数目变化趋势与细菌类似。真菌数目衡水棉田土苗期达到峰值，为空白对照的2.5倍（图2-24）。细菌、真菌在土壤有机物和无机物转化过程中起着重要作用。细菌在氨化过程中作用十分重要，而真菌则在土壤碳素和能源循环过程中起着巨大的作用。

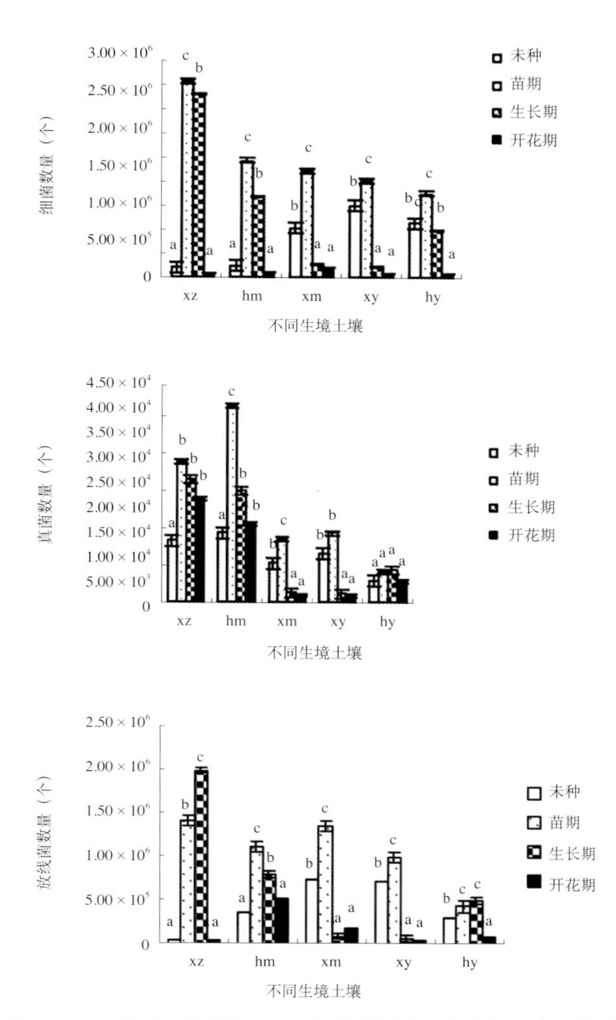

图2-24　不同生境黄顶菊不同生长期根系分泌物对土壤微生物的影响

xz. 献县枣林土　hm. 衡水棉田土　xm. 献县棉田土
xy. 献县玉米田土　hy. 衡水玉米田土

张天瑞等（2010）研究了黄顶菊入侵对土壤养分和酶活性的影响。结果表明，与裸土和本地植物土壤相比，黄顶菊入侵显著提高了有机质、全氮、硝态氮和铵态氮的含量，而全磷和速效磷的含量有所下降，且随着入侵程度增强趋势更为明显。重度入侵土壤有机质较本地植物土壤提高5.7%，全氮提高23.4%；而重度入侵土壤全磷含量只有本地植物的85%，土壤速效磷含量则下降了50%。黄顶菊重度入侵土壤和轻度入侵土壤脲酶含量分别为0.04 mg/（g·d）和0.03 mg/（g·d），均显著高于裸土和本地植物土壤，土壤磷酸酶活性变化规律与之类似，而多酚氧化酶无明显的变化。黄顶菊入侵可以改变土壤养分和土壤酶活性，创造对自身生长有利的土壤环境，并借此增强其竞争能力，实现种群的进一步扩张。

纪巧凤等（2014）研究了入侵植物黄顶菊对土壤中磷细菌多样性的影响。结果表明，黄顶菊入侵后增加了土壤中无机磷和有机磷细菌的数量，入侵后其数量分别为入侵前的1.17倍和1.08倍。rep-PCR基因指纹分析结果显示，黄顶菊入侵前土壤磷细菌包含19个聚类群，其中无机磷细菌10个聚类群，有机磷细菌9个聚类群；入侵后土壤磷细菌包含22个聚类群，其中无机磷细菌11个聚类群，有机磷细菌11个聚类群。

多样性分析结果表明，黄顶菊入侵后土壤中无机磷细菌的丰富度指数、香农-威纳多样性指数分别为11和2.369，高于入侵前的10和2.303；有机磷细菌的丰富度指数、香农-威纳多样性指数分别为11和2.398，高于入侵前的9和2.197；而2种细菌的物种均匀度指数基本不变。

赵晓红（2014）运用Biolog技术和氯仿熏蒸浸提法研究了黄顶菊入侵对土壤微生物群落功能多样性及土壤微生物量的影响。结果表明，黄顶菊入侵后土壤微生物代谢活性显著升高；土壤微生物群落平均吸光值（AWCD）的变化趋势为：入侵地根际土（RPS）>入侵地根围土（BS）>未入侵地（CK），且差异显著；而CK的功能多样性指数（*H*）高于BS，RPS也高于BS，差异均显著（$P<0.05$）。主成分分析结果表明，黄顶菊入侵使土壤微生物群落的碳源利用方式和代谢功能发生改变。对不同碳源利用的分析结果表明，糖类、氨基酸类、羧酸类和聚合物为土壤微生物利用的主要碳源。入侵样地BS和RPS的微生物量碳分别比CK高27.05%、121.52%；BS和RPS的微生物量氮分别比CK高37.40%、79.80%。相关性分析表明，AWCD与微生物量碳和微生物量氮均呈极显著正相关（$P<0.01$）。由此可知，黄顶菊入侵增强了入侵地土壤

微生物代谢活性，降低了土壤微生物群落的功能多样性，增加了土壤微生物量碳、微生物量氮水平。

四、容易发生属间杂交，导致产生新的危害物种

菊科植物比较容易发生属间杂交现象。我国菊科植物分布范围广，种类丰富，同时黄顶菊的花期长，花粉量大，花期与大多数菊科土著种类交叉重叠。因此，一旦产生天然的属间杂交，就有可能导致形成新的危害性更大的物种，引发更大的生态危机。

第三章 黄顶菊生物学与生态学特性

第一节 生物学特性

一、种子休眠与寿命

休眠是指新成熟的植物种子由于内在原因，即使给予合适的生态条件也不能发芽的特性。植物的休眠是在长期自然选择中形成的对不良环境的适应性。由于杂草休眠期长短不同，在田间形成了发芽出土的不整齐性，也给防除工作带来很大困难。实验表明，成熟黄顶菊种子无生理休眠，但温度和土壤深度对种子寿命有一定的影响（李少青等，2010）。

（一）种子休眠

李少青等（2010）通过研究黄顶菊不同成熟度和

不同结籽部位黄顶菊种子的萌发情况、储藏温度和植物激素对黄顶菊种子萌发的影响，了解黄顶菊种子的休眠特性。

1. 成熟度和结籽部位对种子发芽率的影响　分别从未枯萎的植株（小花花冠仍为鲜黄、花序和叶片水分充足饱满）和枯萎的植株（开花时间较长、小花花冠已经枯黄、花序和叶片自然干枯失水）上采集种子进行萌发实验，发芽率分别为86.0%和71.8%（图3-1），萌发高峰均为5 ～ 11 d；黄顶菊植株上部的种子发芽率为96.0%，中部的种子发芽率为96.0%，下部的种子发芽率为96.3%。结果显示，结籽部位种子发芽率没有显著性的差异。说明不同成熟度和不同结籽部位的黄顶菊种子没有明显的休眠特征。

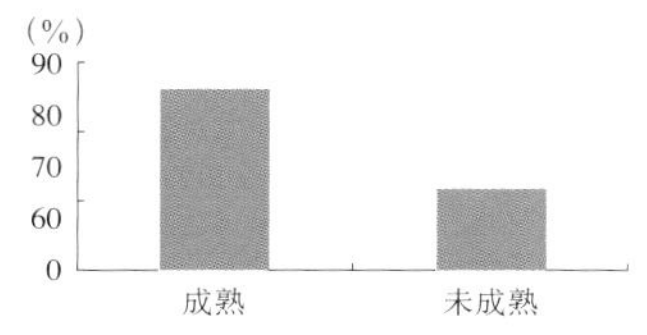

图3-1　成熟度对黄顶菊种子发芽率的影响

2. 储藏温度对黄顶菊种子发芽率的影响　新鲜采集的成熟黄顶菊种子虽然发芽率较高，但仍存在一定的后熟现象。黄顶菊种子在低温和室温条件下4个月后可以基本完成后熟阶段，而在冷冻条件下则与新采集种子一样，不能完成后熟阶段。

采集的新鲜黄顶菊种子萌发集中在5 ~ 9 d，发芽率达80%所需的时间为9 d；室温（12 ~ 28℃）处理下的黄顶菊种子，处理后8 d、1个月、4个月和8个月达到80%发芽率所需的时间分别为11 d、8 d、6 d和3 d；低温（4℃）处理下的黄顶菊种子，处理后8 d、1个月、4个月和8个月达到80%发芽率所需的时间分别为9 d、8 d、6 d和4 d；冷冻（-18℃）处理下的黄顶菊，处理后8 d、1个月、4个月和8个月达到80%发芽率所需的时间均为9 d。总的来看，在低温（4℃）和室温（12 ~ 28℃）处理下的黄顶菊种子，随着处理时间的增加，所需萌发时间逐渐缩短，并且萌发逐渐集中；而冷冻（-18℃）处理下的黄顶菊种子萌发时间变化不大（图3-2）。

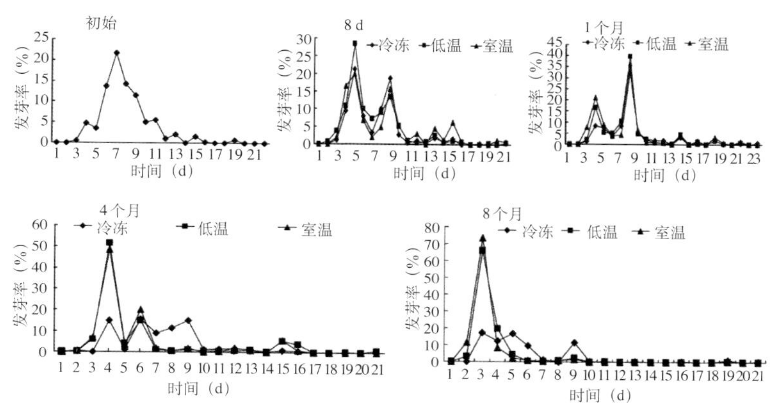

图3-2 温度处理下黄顶菊种子每日发芽率

黄顶菊种子成熟较早，在适宜生长的季节结束前有充足的时间后熟。尽管后熟的机制尚不清楚，但一旦后熟过程完成以后，储藏环境的温度对种子的萌发在下一生长季节到来之前并无影响。在另一实验中，采集3 d后，黄顶菊种子发芽率即达95%以上，直至采集后120 d基本无变化（表3-1），也不会因储藏条件的不同而导致二次休眠，而且产地之间也不存在差异。

表3-1　黄顶菊种子采后不同时间的发芽率

单位：%

采样地	采后天数（d）						
	3	30		60		120	
	室温	室温	地下	室温	地下	室温	地下
邯郸	99.6	96.7	98.3	96.9	95.4	99.0	97.3
衡水	97.9	97.4	97.0	99.0	96.7	98.7	95.5
沧州	99.0	98.9	98.3	97.7	97.9	97.5	96.7

3. 植物激素的作用　脱落酸（ABA）抑制种子的萌发，而赤霉素（GA）对种子萌发有一定促进作用。黄顶菊种子储藏4个月后，生长素（IAA）、玉米素核苷（ZR）、赤霉素（GA）和脱落酸（ABA）等激素水平发生变化，冷冻处理的GA含量显著低于低温和室温处理，而ABA的含量则显著高于低温和室温处理，冷冻处理的GA/ABA的值更是显著低于低温和室温处

理（表3-2）。

表3-2　温度处理4个月后种子内源激素水平

单位：ng/gFW

处理温度	生长素	玉米素核苷	赤霉素	脱落酸	赤霉素/脱落酸
冷冻	21.27b	13.23a	14.61c	87.56a	0.166 8c
低温	21.00b	11.34b	18.72a	84.55b	0.221 4a
室温	22.00a	10.50c	16.28b	80.85c	0.201 4b

注：表中同列数据后的不同字母为多重比较的结果。

（二）种子寿命

1.温度对种子寿命的影响　长时间的冷冻处理（－18℃）使黄顶菊种子的寿命显著缩短（表3-3）。处理4个月后，黄顶菊种子的寿命即出现显著下降，并且显著低于同期的低温（4℃）和室温（12 ~ 28℃）下种子发芽率，及至处理12个月后，黄顶菊种子的发芽率已经显著下降至64.8%。低温和室温处理下，黄顶菊种子的发芽率出现先上升后下降的趋势。但是，处理12个月后与初始发芽率比起来并没有显著下降。综上所述，在12个月的处理时间内，室温（12 ~ 28℃）和低温（4℃）对黄顶菊种子的寿命没有显著影响，但是冷冻（－18℃）的黄顶菊种子寿命显著缩短。

表3-3 不同温度储藏一定时间后黄顶菊种子存活率

单位：%

储藏时间	冷冻（-18℃）	低温（4℃）	室温（12～28℃）
初始	86.0a	86.0c	86.0cd
8 d后	81.0ab	96.5a	92.0bc
1个月后	84.0a	96.8a	97.0ab
4个月后	75.8bc	94.0ab	93.8ab
8个月后	71.8c	97.3a	99.5a
12个月后	64.8d	88.0bc	84.5d

注：表中同列数据后的不同字母为多重比较的结果。

室温下不同储藏时间的黄顶菊种子之间，发芽率没有显著性差异。储藏4年后，其发芽率仍然维持在一个很高的水平。由此可以看出，在室温下，黄顶菊种子的生命力很强，种子寿命较长。

2. 土壤深度对种子寿命的影响　黄顶菊种子在土壤表面或在土壤中，30%左右种子可存活1年以上。试验结果显示，黄顶菊种子在土表和10 cm深土层中3个月后，与初始的存活率相比差异不显著，都维持在一个较高的水平。但在6个月后，不论是在土表还是在10 cm深土层，其存活种子数量显著降低；12个月后，土表上和在10 cm土层中的黄顶菊种子存活率下降到30%左右（表3-4）。

表3-4数据显示，在土表的黄顶菊种子存活率下降较快，其原因之一是有大量种子自然萌发。黄顶菊在

10 cm深土层中不能萌发，其存活率也显著下降，使部分黄顶菊种子死亡。

表3-4 黄顶菊种子在不同土层中的存活率

单位：%

处理时间（月）	室内对照	土表	土中10 cm
初始	96.8a	96.8a	96.8a
3	86.8a	91.9a	97.8a
6	93.8a	33.7b	78.8b
9	90.3a	32.5b	54.5c
12	82.8a	29.1b	30.7c

注：表中同列数据后的不同字母为多重比较的结果。

二、萌发特性

影响黄顶菊种子萌发的因素有温度、土壤湿度、光照，研究人员针对影响黄顶菊种子的萌发因素作了相关的研究。

（一）温度

乔建军等（2007）研究认为，黄顶菊种子发芽的适宜温度为25 ~ 40℃，超过这个范围发芽率明显降低，30℃为种子发芽最佳温度；并通过对石家庄地区气象资料进行比较以及考虑到昼夜温差，认为石家庄地区的黄顶菊种子在3月下旬至9月下旬均可发芽，5月下旬至9月中旬为适宜发芽时间，7月上旬至8月上旬为最佳发芽时间。

王贵启等（2008）研究认为，黄顶菊种子最适萌发温度在25～40℃。其中，30℃处理发芽率最高（99.2%），35℃处理萌发最快（第1 d发芽率为65.8%），15℃处理未见到种子萌发，20℃处理发芽率仅5.0%，而40℃处理发芽速度和发芽率（86.7%）均比35℃处理（发芽率97.5%）明显降低。芦站根等（2008）研究结果与上述结论一致，认为黄顶菊种子萌发的适宜温度为25～35℃。

根据张风娟等（2009）的研究，黄顶菊种子萌发的温度范围为10～40℃，种子萌发的最低温度为10℃，25℃最适宜于黄顶菊种子的萌发，当温度≥40℃时会强烈抑制其种子发芽。李瑞军等调查田间黄顶菊的出苗情况，统计出黄顶菊在田间的发育起点温度为10℃，有效积温为43日度。

根据张米茹（2009）的研究，将黄顶菊种子置于恒温环境，在12.5℃条件下30 d后未见种子萌发；当培养温度从15℃上升到22.5℃时，黄顶菊种子发芽率从2.7%提高到95%以上，表现为随着温度提高种子发芽数增加；在22.5～35℃温度范围内，黄顶菊种子发芽率与温度变化关系不大，各处理种子发芽率均在95%以上；35℃以上，随温度升高，种子发芽率逐渐下降；当温度达到40℃时，虽然仍有少部分黄顶菊种子萌发，但胚根长度明显变短；45℃的处理中未见黄顶菊种子萌发（图3-3）。

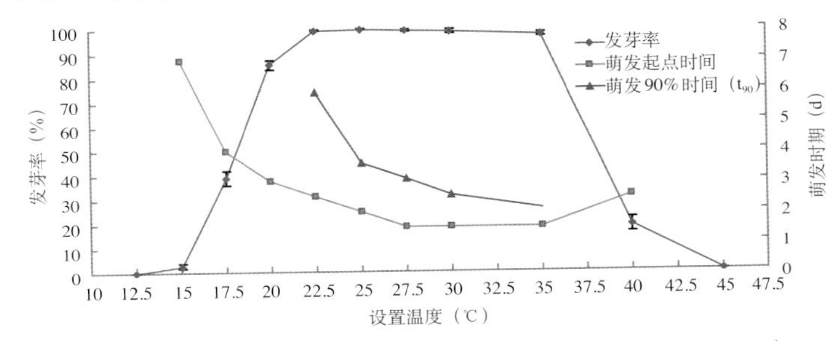

图3-3 黄顶菊种子恒温培养发芽率（张米茹，2009）

岳强等（2010）研究认为，黄顶菊种子在12～42℃时均能萌发和出苗。当温度高于16℃时，种子发芽率与出苗率随温度上升而显著增高；低于24℃时，种子发芽率与发芽指数均较低，10℃种子未见萌发；24～36℃时，随温度上升发芽率与发芽指数也上升；36℃时，发芽率与发芽指数均达到最大值，分别为93.67%和53.22；40℃时，发芽率与发芽指数均开始下降；至44℃时，种子不再萌发（图3-4）。

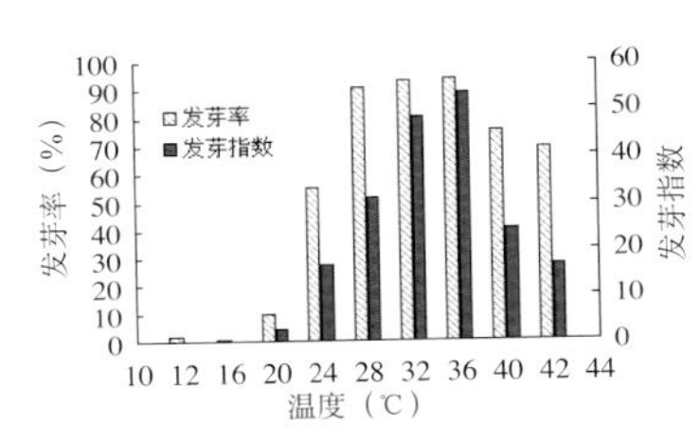

图3-4 不同温度下黄顶菊种子的萌发情况（岳强等，2010）

根据温莉娜（2008）的研究，在恒温培养箱条件下，黄顶菊种子在13℃以下和45℃以上未见萌发，极限温度最低为13℃、最高为45℃。15～40℃时，随着温度的升高，发芽率不断增加；至28℃时，达到最大，最大发芽率为98.4%；然后随着温度增加，发芽率降低；至45℃时，没有萌发（图3-5）。

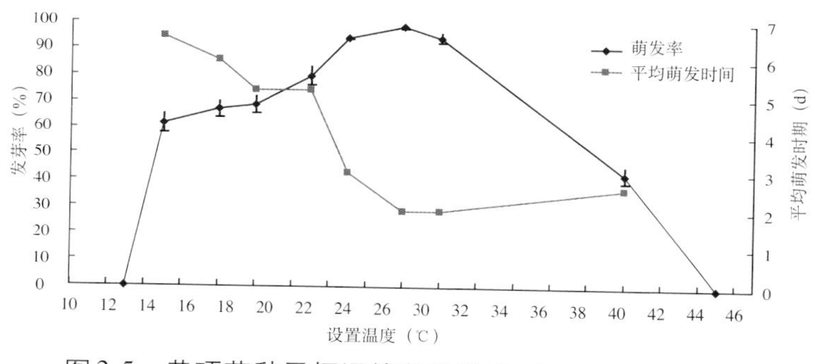

图3-5　黄顶菊种子恒温培养发芽率（温莉娜，2008）

可见，黄顶菊种子萌发的温度范围为10～42℃，种子萌发极限最低温度为10℃，最高为45℃，最佳适宜温度为25～35℃。

（二）土壤湿度

黄顶菊对水分的响应研究多侧重于土壤含水量变化对黄顶菊各生育期的影响。大气相对湿度对黄顶菊生长发育的影响研究较少，王贵启等（2008）发现，当空气相对湿度在50%～80%时，对黄顶菊种子的萌发无显著差异。

如图3-6所示，在10%低相对含水量和40%饱和相对含水量时，黄顶菊种子发芽率分别可达8.0%和58.0%。黄顶菊种子在土壤相对含水量10%～40%的沙壤土中均能萌发。在10%～25%范围内，随土壤相对含水量升高，黄顶菊种子发芽率提高；在相对含水量约为25%时，黄顶菊发芽率达到最高值，为98.0%。土壤相对含水量在27.5%～40%范围内，种子发芽率逐渐下降。在5%相对含水量的条件下，种子不能萌发(张米茹，2009)。

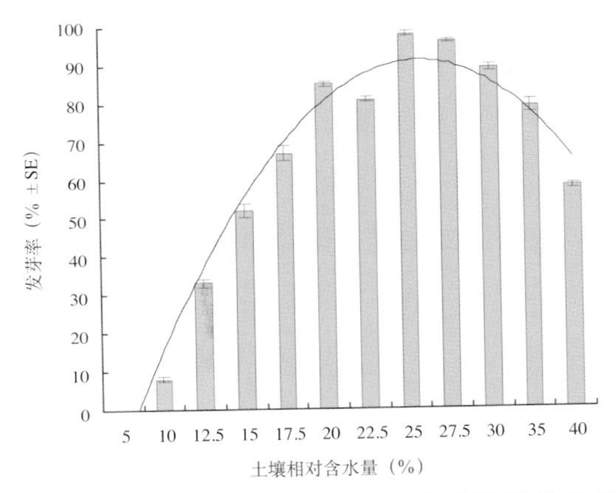

图3-6　土壤相对含水量对黄顶菊种子萌发的影响
(张米茹，2009)

陆秀君等(2009)研究也发现，当土壤相对含水量低至15%时，仍有2%的黄顶菊种子萌发；在

20%～30%范围内，种子发芽率随土壤相对含水量增大而升高；至30%和40%时，种子发芽率达最高；土壤相对含水量为50%和60%时，种子发芽率有所下降，但仍高于土壤相对含水量为25%时的水平（图3-7）。这一现象与张米茹（2009）观察到的相似，芦站根等（2008）观察到的结果也与陆秀君等（2009）的相似，最高发芽率甚至低于50%，种子发芽率也随着土壤相对含水量升高而表现出先升高，达到最高值后趋于平稳至下降的趋势。

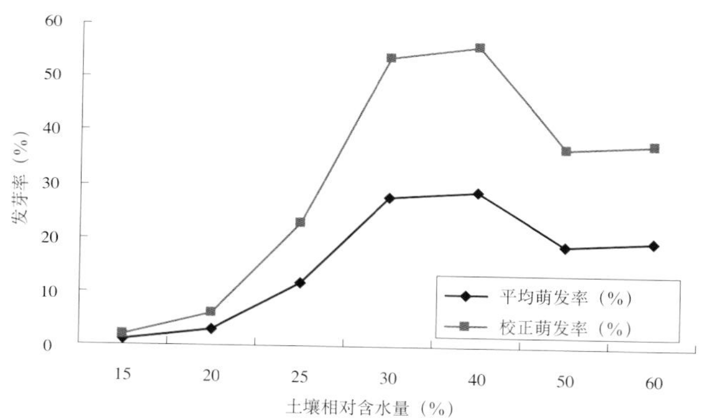

图3-7 土壤相对含水量对黄顶菊种子萌发的影响
（陆秀君等，2009）

在王贵启等（2008）和温莉娜（2008）的研究中，黄顶菊种子的发芽率最终都达到90%以上，但发芽率随土壤相对含水量的变化趋势与上述研究不同。两者的差异主要体现在种子在高土壤相对含水量环境下的表现，大致都是随相对含水量增多而趋于升高，但并无下降的趋势。在王贵启等（2008）的实验中（图3-8A），土壤相对含水量为90%时的终发芽率虽较70%时略低，但也能达90%以上。而温莉娜（2008）的实验结果显示，土壤相对含水量升高并不导致种子发芽率下降，直至95%以上（图3-8B）。在张风娟等（2009）的实验中，100%相对含水量条件下，发芽率也达到了89%。而褚世海等（2010）在湖北武汉进行的盆栽实验中，尽管各个指标以25%和35%两个处理最高，但出苗率都低于30%。这是否与气候的差异有关还有待进一步研究。

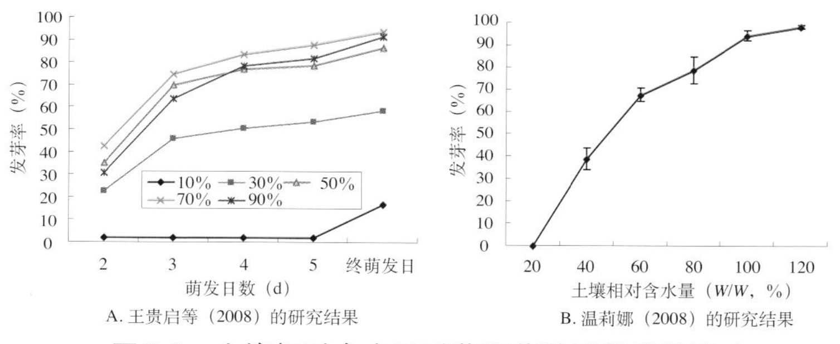

A. 王贵启等（2008）的研究结果
B. 温莉娜（2008）的研究结果

图3-8 土壤相对含水量对黄顶菊种子萌发的影响

尽管如此，除温莉娜（2008）实验外，上述各实验的结果都显示，黄顶菊种子在土壤相对含水量较低时即可以萌发。在这些研究中，以张风娟等（2009）

实验的现象最为明显，在相对含水量为5%时，种子发芽率即已达68%，但这可能与实验前的24 h浸种有关。根据上述所有实验的结果，尚不能得出在短期内使黄顶菊种子萌发终止的最高土壤相对含水量。尽管如此，这些结果表明，黄顶菊种子有较强的耐干旱和耐涝能力。

（三）光照

研究表明，黄顶菊种子属光敏型（张米茹等，2010），即种子发芽需要有光的刺激才能完成，在黑暗条件下黄顶菊种子发芽率很低或不发芽。光照对黄顶菊种子萌发的影响除光照度以外，光照持续时间对萌发也有一定影响。

1. **光照度及覆土深度的影响**　如图3-9所示，在光照度1 000 ~ 12 000 lx（1 000 lx、5 000 lx、12 000 lx）范围内持续光照以及12 000 lx/0 lx（光：暗 = 12 ： 12）光暗交

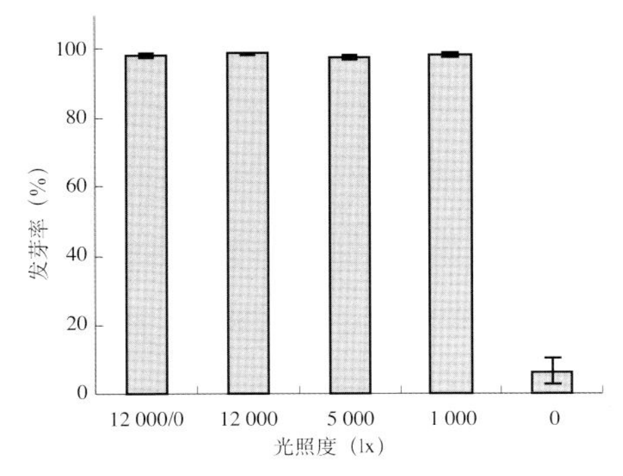

图3-9　不同光照度对黄顶菊种子萌发的影响（张米茹等，2010）

替处理，0 lx（黑暗）为CK处理。5d后1000 ～ 12000 lx范围内4个处理的黄顶菊种子发芽率为97.5%～98.3%，处理间无差别，对照处理黄顶菊种子发芽率不足7%（张米茹等，2010）。

周君（2010）的研究表明，经不同光照度处理，黄顶菊种子发芽情况差异很大。当光照度为7 700 lx时，发芽率可高达92.40%；在光照度为2 330 lx时，发芽指数最高，为34.89%；在无光照度时，种子的发芽率仅为31.65%；随光照度不断增大，黄顶菊种子的活力指数在明显减小；适宜黄顶菊种子萌发的光照度范围为2 330 ～ 7 700 lx。

表3-5　不同光照处理对黄顶菊种子发芽影响（周君，2010）

发芽指标	光照处理					
	0 lx	2 330 lx	3 770 lx	6 240 lx	7 700 lx	10 233 lx
发芽率（%）	31.65±0.83a	90.00±1.07d	82.00±2.09c	83.20±0.25c	92.40±0.06d	62.00±1.14b
发芽指数	6.53±1.56a	34.89±0.04d	15.11±4.05c	25.24±0.07c	31.81±5.50d	17.49±0.09b
活力指数	31.38±0.08ab	86.11±2.10d	79.94±0.03d	65.47±3.05c	54.08±3.86b	29.76±3.08a

注：表中数据为5次测定的平均数；同一行不同字母表示在5%水平上差异显著性。

在自然条件下，光照度对黄顶菊种子的影响则表现为种子在不同覆土深度条件下的出苗情况。置于土壤表面和覆有浅层土的种子出苗率最高；随着覆土深度的增加，黄顶菊发芽率逐渐降低；当覆土深度达0.5 cm时，由于种子不能受到光刺激，多无法出苗（张米茹等，2010；温莉娜，2008；乔建国等，2007）。陆秀君等（2009）研究认为，当覆土深度超过1 cm时，黄顶菊种子发芽率在10%以下；1.4 cm时，仍有2%的种子发芽；1.6 cm后，黄顶菊的种子不能发芽。说明该种子有较强的抗逆能力。

2. 光照时间及光周期的影响　在实验室控制条件下，如图3-10所示，全黑暗条件下，即使温度适宜，黄顶菊种子发芽率也不足7%。在1 000 lx低光照度条件下，经过不同时间的持续光照，再转入暗培养，观察5 d后

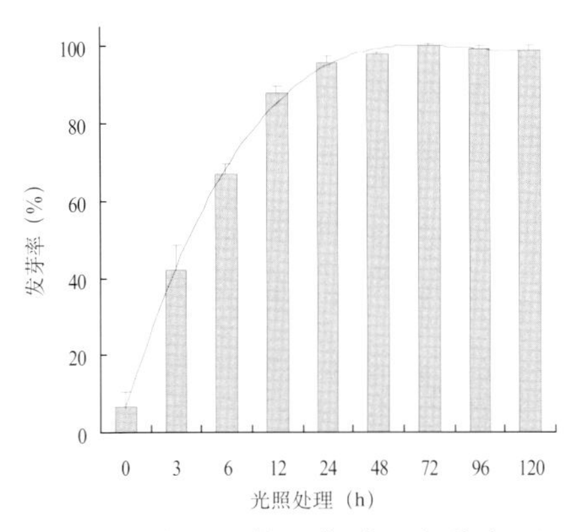

图3-10　不同光照时间处理下黄顶菊种子发芽率（张米茹等，2010）

黄顶菊种子发芽率。结果显示，发芽率随持续光照刺激时间增加而上升，光照处理时间长达1 d时，5 d后种子发芽率即可达95%以上（张米茹等，2010）。

王贵启等（2008）在适温30 ℃条件下，设光照0 h（CK）、12 h（5 000 lx）和24 h（5 000 lx）3个处理，发现不同光照处理对黄顶菊种子萌发有显著影响。在12 h光照条件下，种子第1 d的发芽率（53.5%）就超过50%，第3 d的发芽率达96.5%，以后发芽率不再有明显变化；而0 h光照处理，第10 d的发芽率仅26.5%；24 h光照处理，第10 d的发芽率为54.5%。

张风娟等（2009）认为，在光照条件0 ~ 12 h条件下，随着光照时间的增长，黄顶菊种子发芽率逐渐升高；在持续黑暗条件下，发芽率为19.8%；在光照条件为6 h时，发芽率为67.9%；在光照条件为12 h时，发芽率为99.3%。

乔永旭等（2015）通过试验认为，黑暗处理和全光照处理对黄顶菊种子发芽率影响不明显，但光照：黑暗=12 h ：12 h 时，发芽率为 80.67%，大于全光照和全黑暗条件下种子的发芽率。

任艳萍等（2008）认为，光照对黄顶菊种子发芽率的影响不大，全光照、光照：黑暗=12 h ：12 h、全黑暗3种光照处理下发芽率都达到了93%以上，光照：黑暗= 12 h ： 12 h种子发芽率为97.25%，全黑暗下发芽率为95.75%，全光照下种子发芽率为93%。但有学者认为，这一结果可能与实验设计和实验材料有关。该实验的黄顶菊种子在进行光周期处理之前，已在消毒及浸种处理后于光照培养箱中经过了24 h培养。尽管文中未对这一培养时期是否在光照条件下进行加以说明，但前期处理过程可能已使种子获得适合萌发的环境，使得在正式实验第1 d即达到相当高的种子发芽率（近60%），进一步使种子萌发计数的时间延长，对于全暗的处理，种子有一定时间的光照刺激，第2 d发芽率仍能达到20%以上，最终使得累积发芽率高达95%以上。

三、繁殖特性

黄顶菊繁殖方式主要靠种子繁殖，繁殖系数高，种子大小为2.44 mm × 0.52 mm × 0.22 mm（张风娟，2009），千粒重约为（0.204 2 ± 0.005）g（任艳萍，2008）。河北省中南部非耕地生长的黄顶菊群落，7月下旬开始出现花序，从8月底至11月上旬为种子成熟期，单株繁殖系数为21万～36万粒/株（表3-6）。种子变黑成熟后，部分种子脱落，但仍有一大部分种子存留在头状花序的总苞片内，直至翌年仍保持萌发能力。

表3-6　河北省不同地区非耕地自然条件下黄顶菊的繁殖能力

地点	出苗时间（月/旬）	最高密度（株/m²）	株高（cm）	分枝数（个/株）	生物量（g/株）	花果期（月/旬）	种子量（万粒/株）
邯郸	4/下	439	4～199	0～20	5～501	7/下至11/上	21
石家庄	5/上	240	73～201	6～18	157～473	7/下至11/上	29
沧州	5/上中	273	107～190	10～16	211～769	7/下至11/上	18
衡水	5/上中	165	15～233	0～28	79～1 025	7/下至11/上	36

注：密度为花果期调查数据，种子量为调查点植株最高结实数量。

盆栽实验中，4月7日出苗的黄顶菊单株种子数为7.499万粒。随出苗时间变晚，黄顶菊单株结实数下降，8月25日出苗的黄顶菊，单株仅结实0.051万粒（图3-11B）。

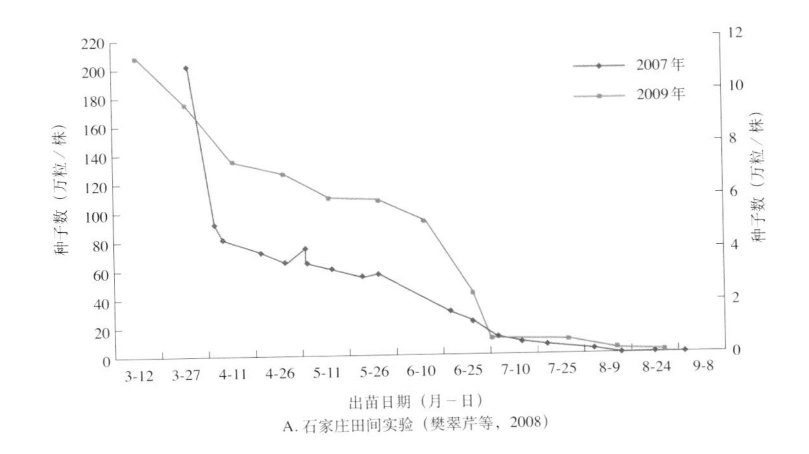

A. 石家庄田间实验（樊翠芹等，2008）

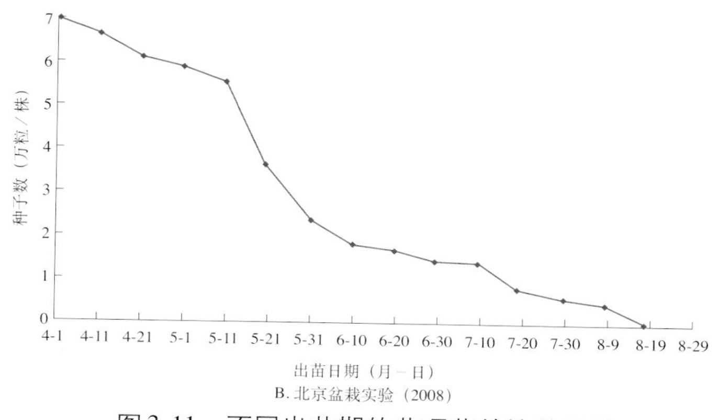

B. 北京盆栽实验（2008）

图3-11　不同出苗期的黄顶菊单株种子数

因生境、营养条件和气候等因素的差异，植株形态不同，导致单株种子产量的差异（樊翠芹等，2010）。李香菊等（2006）报道种子量为21万～36万粒/株（表3-6），樊翠芹等（2008）在石家庄的研究结果为16万～200多万粒/株，同一作者的后续研究结果多则10万粒以上，少则十几粒（樊翠芹等，2010）（图3-11A）。有关黄顶菊种子产量的数据描述不一，有待于进一步调查。尽管如此，这些研究结果足以说明黄顶菊单株产生的成熟种子量大，有利于其繁殖和进一步扩散。

分枝数是影响种子产量的重要因素之一，将2007—2009年3年的观察结果做相关分析，2008年盆栽试验与2007年田间试验的结果相一致，黄顶菊单株种子产量与一级分枝数相关性最高。但2009年的田间试验结果与前两者结果正好相反，分枝数与种子数量的相关性最低（表3-7）。

表3-7　单株种子量与其他营养生长指标的相关系数

研究时间、地点	茎生叶数	一级分枝数	株高	茎粗	生物量
2008年北京	0.878 3	0.971 7	0.888 5	0.957 5	0.885 5
2009年石家庄	0.936 2	0.917 5	0.925 5	—	0.990 8
2007年石家庄	—	0.865 8	0.642 8	—	—

黄顶菊有性繁殖能力与出苗时期关系密切。在石家庄耕地非人为干扰条件下，对黄顶菊单株栽培的研究数据表明，4月3日至8月28日出苗的黄顶菊分枝数为8 ~ 46个。其中，5月29日以前出苗的植株分枝数在32 ~ 46个，6月19日至7月10日出苗的植株分枝数为20 ~ 24个，7月17日至8月28 日出苗的植株分枝数只有8 ~ 18个。8月28日之前出苗的黄顶菊均能产生种子，但种子数量差异很大，出苗越早的植株产生的种子越多（图3-12）。4月3日出苗的黄顶菊产生的种子数量达20.3万粒/株，7月10日至7月31日出苗的植株产生种子1.5万 ~ 7.2万粒，而8月28日出苗的植株仅产生16粒种子。不同时期出苗的黄顶菊植株产生的种子发芽能力也有差别。7月17日之前出苗的黄顶菊产生的种子发芽率达90%以上，该日期之后出苗的

植株种子发芽率降低，7月31日至8月18日出苗的黄顶菊所结种子的发芽率仅为2.5%～22%，8月25日以后出苗的黄顶菊产生的种子无发芽能力（图3-12）。

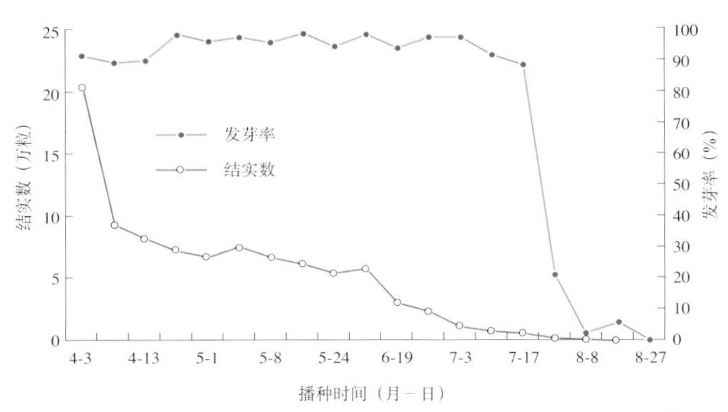

图3-12　不同时间播种的黄顶菊结实数及种子发芽率

四、生育周期

黄顶菊为一年生草本，日平均温度20℃左右开始出土。在河北省中南部从4月下旬至9月下旬均可以出苗，7月下旬出苗早的植株开始出现花序，8月底至11月上旬为种子成熟期，11月初最低温度降至10℃以下，大部分黄顶菊干枯。因此，田间可见黄顶菊的世代重叠现象，即有的植株种子已经成熟，有的植株却刚刚出土。9月中下旬出苗的植株，因气温降低，出苗后2片真叶前受冻害逐渐死亡。

根据黄顶菊植株生育特性，将黄顶菊生命周期划分为出苗期、出苗至现蕾期、蕾期、开花至种子成熟期4个生育时期，每个时期的发育及其与环境的关系各有特点。前两个时期为营养生长时期，后两者为生殖生长时期。

在营养生长时期初始，黄顶菊生长缓慢，在后期生长快速。因此，可将出苗至现蕾期分为3个阶段：将出苗至出现第一对真叶称为幼苗前期，将第一对真叶出现至第一对分枝出现称为幼苗后期，将第一对分枝出现至现蕾称为大苗期。在前两个阶段，黄顶菊生长缓慢，可合称为幼苗期。黄顶菊营养生长各个阶段的定义见表3-8。

表3-8　黄顶菊营养生长发育周期

发育阶段	起始标志	结束标志	生长时期
出苗期	种子萌发（不可见）	子叶出土	4月上至4月中下
幼苗前期	子叶出土	产生第一对真叶	4月中下至5月上
幼苗后期	产生第一对真叶	产生第一对分枝	5月上至6月上
大苗期	产生第一对分枝	花芽分化（或现蕾）	6月上至7月下

在生殖生长阶段，相对于开花至种子成熟期，黄顶菊现蕾时期较短。因此，黄顶菊自现蕾以后的发育阶段也可分为现蕾-开花期、结实-成熟期、（种子）成熟-（植株）枯死期（图3-13）（张米茹等，2008）。

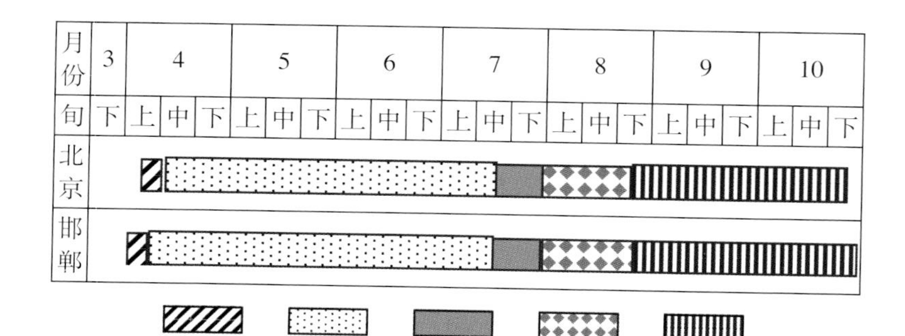

图3-13　黄顶菊生育节律（张米茹等，2008）

由于在生殖生长时期，黄顶菊的有性繁殖器官的发育进度不一致，导致同一植株上的花自蕾期以后的各个时期相互重叠，营养生长在这一时期并未完全停止。在成熟－枯死期，仍有繁殖器官处于生殖生长早期各阶段，直接导致种子在成熟时间上的不一致。对花芽分化之后，自现蕾开始划分的各阶段，仅适合于描述植株单个头状花序的发育。

黄顶菊种子当年成熟的种子条件适宜即可萌发。自然条件下，4月初出苗的黄顶菊植株产生的种子，8月中下旬即可成熟。这些种子经风、雨吹落到地面后，土壤墒情适宜即可萌发，在8月底至9月初出苗形成新的植株，10月中下旬仍可产生少量成熟种子。因此，黄顶菊植株在田间表现世代重叠现象（图3-14）。黄顶菊出苗期的不一致及世代重叠现象，延长了黄顶菊在入侵地发生的时间，还增加了防除难度。

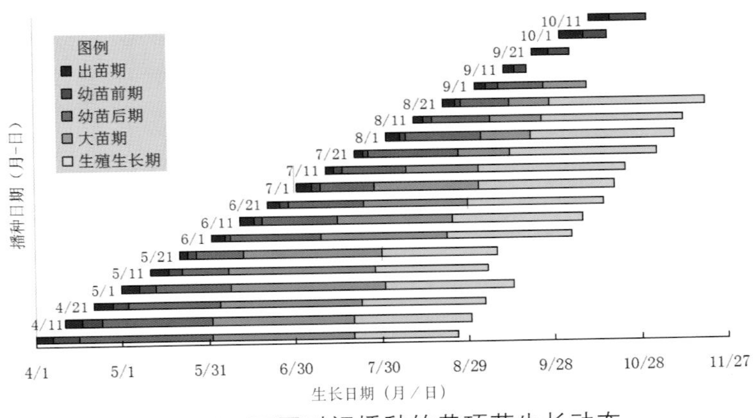

图3-14 不同时间播种的黄顶菊生长动态

经野外调查，黄顶菊出苗与降雨关系密切。在上年度生长黄顶菊的地块，春夏期间有一次降雨即可出现一次出苗高峰。植株出苗早晚与其生育期、生物量、繁殖系数有很大关系。4月下旬出苗的植株，7月下旬开始出现花序，8月底种子即可成熟。而8月31日以后出苗的植株，近无分枝，虽然顶部能分化出聚伞花序，但大部分头状花序内只有1粒种子，11月初才能成熟，有的植株甚至不能产生成熟的种子。出苗早的植株生长迅速，叶片数、分枝数、生物量、种子数均高于晚出苗的植株。如在衡水5月初出苗的1株黄顶菊，株高233 cm，分枝数达14对，生物量1 025 g/株，成熟种子量36万粒/株（表3-6）。而8月31日以后出苗的植株，仅3～4对叶片，无分枝，成熟种子10粒以下。

五、土壤种子库

土壤种子库（soil seed bank）是指存在于土壤上层凋落物和土壤中全部存活种子的总和（Simpson，1989；于顺利等，2003；赵凌平等，2008）。在群落中，植物所产生的种子最终要落到土壤中，只要土壤中种子的生命力没有丧失，一旦有了发芽的机会便可发芽生长（杨允菲，1995）。因此，土壤种子库是种群定居、生存、繁衍和扩散的基础。土壤种子库时期是植物种群生活史的一个重要阶段，J.L.Harper（1977）称它为潜种群阶段，与植物群落的动态有着直接的关系，在植被的发生和演替、更新和恢复过程中起着重要的作用，退化生态系统的恢复与重建都涉及种子库的时空格局、种子萌发和幼苗的补充更新（邓自发，1977）。结合现有植被组成现状或物种的比例和种子库的组成现状或物种的比例可以作为评价退化系统的质量或预测植被的发展动态（杨小波，1999）。土壤种子库研究是生物多样性研究中不可缺少的一部分，是植物基因多样性的潜在提供者（Harper，1977）。所以，土壤种子库在维持种群和群落的生态多样性和遗传多样性方面具有重要的意义。

土壤种子库总模型和土壤种子库动态如图3-15所示。

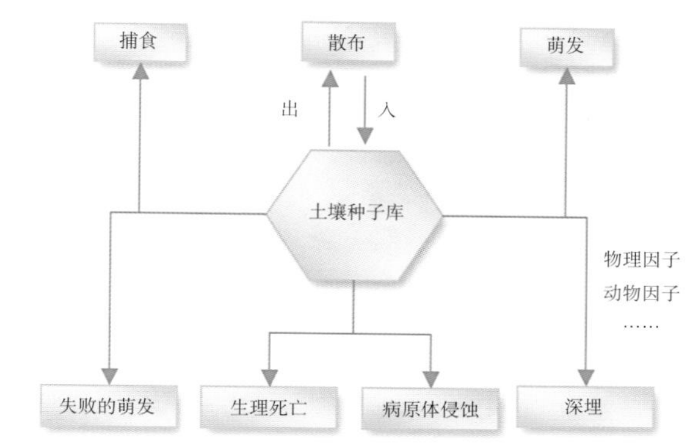

图3-15　土壤种子库总模型（引自Simpson，1989）

根据黄顶菊生育周期，确定对土壤种子库调查的3次取样时间，分别为4月10日（种子萌发前）、6月20日（萌发中期）及8月23日（种子成熟脱落前）。选取冀州河堤生境和献县荒地生境两个典型生境为样地，进行黄顶菊土壤种子库调查（图3-16、图3-17）。调查结果表明：

图3-16　调查黄顶菊种子库野外采样（付卫东摄）

图3-17　黄顶菊种子库发芽试验（张瑞海摄）

1.黄顶菊种子库的种类组成及数量　在两种生境的土壤种子库共鉴定出20种植物，隶属于10科18属。其中，菊科与藜科植物为优势科，有5种生长在河堤生境中，有4种生长在荒地生境中。河堤生境有16种植物，荒地样地有13种植物，两个样地的共有物种有9种。表3-9和表3-10分别列出了两种生境样地中各物种土壤种子库组成及其所占储量比例，从表中可以看出，两种生境样地中黄顶菊种子量最多，分别占总储量的88.05%及96.32%，成为优势群落，且黄顶菊种子库大小表现为荒地（13 947 ind/m^2）>河堤（12 627 ind/m^2）。除黄顶菊外，河堤生境种子库中狗尾草（*Setaira viridis*）种子量最多，占总储量的3.14%；

而荒地生境中黄花蒿种子量最多，占总储量的1.21%。

表3-9 冀州河堤土壤种子库各物种组成及其所占储量比例

物种	科	属	储量（ind/m²）	比例（%）
黄顶菊 *Flaveria bidentis*	菊科Asteraceae	黄菊属*Flaveria*	12 627	88.13
黄花蒿*Artemisia annua*	菊科Asteraceae	蒿属*Artemisia*	173	1.21
苣荬菜*Sonchus arvensis*	菊科Asteraceae	苦苣菜属*Sonchus*	133	0.93
藜 *Chenopodium album*	藜科Chenopodiaceae	藜属*Chenopodium*	20	0.14
小藜 *Chenopodium serotinum*	藜科Chenopodiaceae	藜属*Chenopodium*	93	0.65
碱蓬*Suaeda glauca*	藜科Chenopodiaceae	碱蓬属*Suaeda*	403	2.81
虎尾草*Chloris virgata*	禾本科Poaceae	虎尾草属*Chloris*	167	1.16
狗尾草 *Setaira viridis*	禾本科Poaceae	狗尾草属*Setaira*	450	3.14
牛筋草 *Eleusine indica*	禾本科Poaceae	穇属*Eleusine*	143	1.00
反枝苋 *Amaranthus retroflexus*	苋科Amaranthaceae	苋属*Amaranthu*	37	0.26
凹头苋*Amaranthus lividus*	苋科Amaranthaceae	苋属*Amaranthu*	20	0.14
马齿苋 *Portulaca oleracea*	马齿苋科Portulacaceae	马齿苋属*Portulaca*	7	0.05
铁苋菜 *Acalypha australis*	大戟科Euphorbiaceae	铁苋菜属*Acalypha*	7	0.05

（续）

物种	科	属	储量(ind/m²)	比例(%)
打碗花 *Calystegia hederace*	旋花科 Convolvulaceae	打碗花属*Calystegia*	20	0.14
苘麻 *Abutilon theophrasti*	锦葵科 Malvaceae	苘麻属*Abutilon*	17	0.12
曼陀罗*Datura stramonium*	茄科Solanaceae	曼陀罗属*Datura*	7	0.05
地锦 *Euphorbia numifusa*	大戟科 Euphorbiacea	大戟属 *Euphorbia*	3	0.02

表3-10 献县荒地土壤种子库各物种组成及其所占储量比例

物种	科	属	储量(ind/m²)	比例(%)
黄顶菊 *Flaveria bidentis*	菊科Asteraceae	黄菊属*Flaveria*	13 947	96.32
刺儿菜 *Cirsium setosum*	菊科Asteraceae	蓟属*Cirsium*	3	0.02
黄花蒿*Artemisia annua*	菊科Asteraceae	蒿属*Artemisia*	177	1.22
苦荬菜*Ixeris polycephala*	菊科Asteraceae	苦荬菜属*Ixeris*	20	0.14
狗尾草 *Setaira viridis*	禾本科Poaceae	狗尾草属*Setaira*	130	0.90
牛筋草 *Eleusine indica*	禾本科Poaceae	穇属*Eleusine*	93	0.64
马齿苋 *Portulaca oleracea*	马齿苋科 Portulacaceae	马齿苋属*Portulaca*	10	0.07

（续）

物种	科	属	储量 (ind/m²)	比例 (%)
反枝苋 *Amaranthus retroflexus*	苋科 Amaranthaceae	苋属*Amaranthus*	7	0.05
打碗花 *Calystegia hederacea*	旋花科 Convolvulaceae	打碗花属 *Calystegia*	10	0.07
苘麻 *Abutilon theophrasti*	锦葵科 Malvaceae	苘麻属*Abutilon*	3	0.02
小藜 *Chenopodium serotinum*	藜科 Chenopodiaceae	藜属*Chenopodium*	67	0.46
猪毛菜 *Salsola collina*	藜科 Chenopodiaceae	猪毛菜属*Salsola*	3	0.02
地锦 *Euphorbia numifusa*	大戟科 Euphorbiacea	大戟属 *Euphorbia*	10	0.07

2. 黄顶菊种子在土壤中的垂直分布　在垂直方向上，河堤与荒地两个生境中黄顶菊种子数量均随着土壤深度的增加而减少（图3-18）。在河堤生境3层土壤中，黄顶菊种子量（n=30）平均分别为7 150 ind/m² (0~2 cm)、3 140 ind/m² (2~5 cm)、2 337 ind/m² (5 ~ 10 cm)；荒地生境3层土壤中黄顶菊种子数（n=30）平均分别为9 747 ind/m²（0 ~ 2 cm)、2 830 ind/m²（2 ~ 5 cm)、1 370 ind/m²（5 ~ 10 cm)。两种生境中黄顶菊种子均主要集中分布在土壤上层（0 ~ 2 cm），分别占种子总量的51.87％及69.88％；在5 ~ 10 cm深的土层内的

存在量占总量的平均比例仍然较高，分别为23.28%及9.82%。

3. 黄顶菊土壤种子库季节动态变化　河堤与荒地两个生境中，黄顶菊种子库大小随着时间的推移逐渐变小（图 3-19）。在 4 月采集的土样中，黄顶菊种子最多，冀州河堤种子库大小平均为6 920 ind/m^2，献县荒地平均为7 093 ind/m^2；在6月采集的土壤中，黄顶菊种子量开始降低，分别为 5 273 ind/m^2 及6 443 ind/m^2，但差异不显著；在8 月采集时，土壤种子库中仅有少量黄顶菊种子，显著低于前两次采样，种子库储量分别为 433 ind/m^2（河堤）和 410 ind/m^2（荒地）。

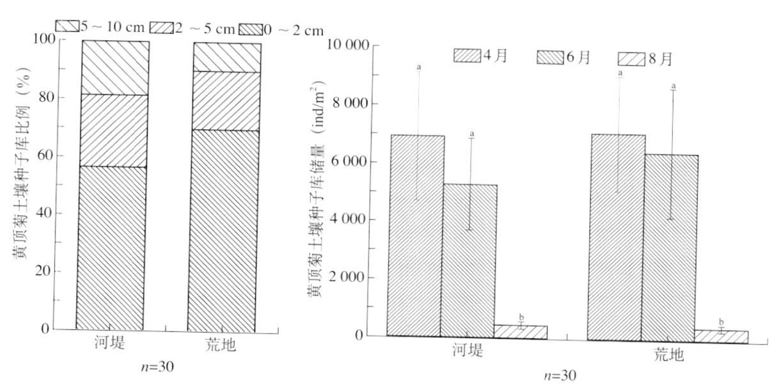

图3-18　黄顶菊种子库垂直分布

图3-19　黄顶菊种子库季节动态变化

六、开花特性

黄顶菊植株由主轴和多级分枝组成，每级侧枝两两对生，每一侧枝顶端形成3 ～ 6个蝎尾状聚伞花序；每一个蝎尾状聚伞花序由5 ～ 15个头状花序组成，头状花序排列在同一平面上；每一个头状花序中有4 ～ 11枚小花，外有总苞包被，总苞长椭圆形、具棱。花冠醒目、鲜黄色。花很小，长为2 ～ 4 mm。花冠檐部5裂，辐射对称，基部联合成筒状。雄蕊5枚，与花瓣互生；雌蕊1枚，2心皮，与雄蕊等长，柱头2个，鸭嘴状。

天津地区黄顶菊的花期是7月下旬至9月下旬。7月中旬，花序和花器官原基不断形成并分化，至花器官成熟经历的时间约15 d（郑书馨，2010）。

樊翠芹等（2010）通过人工播种，研究了黄顶菊的开花特性。黄顶菊开花的早晚，与其出苗期有关(表3-11)。4月上中旬出苗的黄顶菊，7月31日开始开花；4月底和5月出苗的，8月中上旬开花；出苗晚的开花也晚，9月上中旬之前出苗的黄顶菊均能开花。开花时的叶龄和株高与出苗期也有关系（表3-11）。出苗早的黄顶菊，开花时的叶片数（叶龄）多，植株高大；5月之前出苗的黄顶菊，50%的植株开花时，叶龄达17 ～ 18对叶，株高在220 cm左右；之后，随着出苗期的推迟，开花时的叶龄逐渐减少，株高逐渐降低。从10%植株开始开花到50%植株开始开花，时间相差7 ~ 15 d。6月上旬之前出苗的黄顶菊，10月中旬开花基本结束；6月中下旬至7月初出苗的，10月下旬至11月初才到终花期；而7月中旬以后出苗的，10月下旬至11月初尚处在开花期，直至霜冻来临而萎蔫。黄顶菊花期很长，出苗早的比出苗晚的花期长，从10%植株开始开花到终花期需60 ~ 75 d，从50%植株开始开花到终花期需50 ~ 60 d。

表3-11 黄顶菊开花期的主要特点

播种期（月—日）	出苗期（月—日）	10%植株开始开花			50%植株开始开花			终花期日期（月—日）	从始花到终花所需天数(d)	
		日期（月—日）	叶龄（对）	株高（cm）	日期（月—日）	叶龄（对）	株高（cm）		10%植株开花	50%植株开花
03-20	04-03	07-31	14	149	08-15	18	225	10-13	74	59
04-03	04-17	07-31	15	151	08-15	18	220	10-13	74	59
04-17	04-30	08-11	15	150	08-24	18	235	10-13	63	50
05-01	05-12	08-11	15	163	08-24	17	218	10-13	63	50
05-15	05-24	08-11	13	142	08-24	17	223	10-13	63	50
05-29	06-05	08-17	13	140	08-28	15	165	10-16	60	49
06-12	06-19	08-14	13	101	09-01	14	165	10-26	63	49
06-26	07-03	09-03	11	85	09-15	11	110	11-03	61	49
07-01	07-17	09-29	8	32	10-06	9	43	—	—	—
07-24	07-31	10-03	7	25	10-09	9	32	—	—	—

（续）

播种期（月—日）	出苗期（月—日）	10%植株开始开花			50%植株开始开花			终花期日期（月—日）	从始花到终花所需天数(d)	
		日期（月—日）	叶龄（对）	株高（cm）	日期（月—日）	叶龄（对）	株高（cm）		10%植株开花	50%植株开花
08-07	08-16	10-16	6	23	10-23	7	26	—	—	—
08-21	08-30	10-25	5	17	—		—	—	—	—
09-04	09-12	10-31	5	11	—	—	—	—	—	—

注：9月18日、10月2日和10月16日播种的黄顶菊虽然出苗但均未开花，因此9月1日以后播种的黄顶菊花期主要特点，本表未显示出来。

黄顶菊从出苗到开花所需时间很长。4月初出苗的，出苗到10%植株开花需120 d左右，到50%植株开花需近140 d；出苗晚的，从出苗到开花的时间缩短，但是最短也要50 d左右。从出苗到10%植株开始开花所需时间长的，到50%植株开花所需时间也长，到终花期的时间也较长。

第二节 生态学特性

一、抗逆特性

（一）pH

黄顶菊种子在pH 4.0 ~ 10.0范围内，发芽率为97.0%~ 98.5%（图3-20）；在蒸馏水中（pH 6.5），发

芽率为97.5%，各处理间种子发芽率差异不显著（张米茹，2010）。

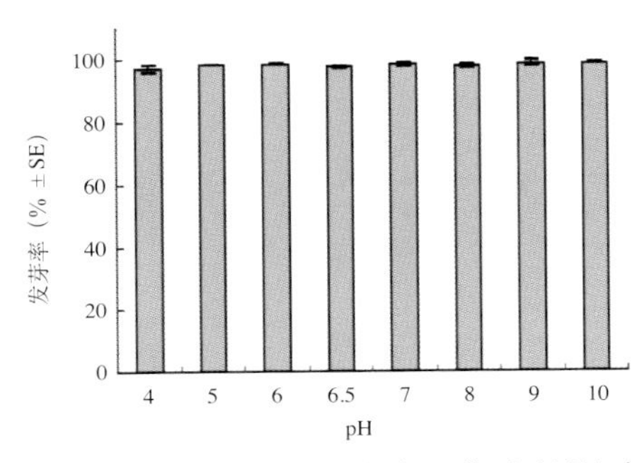

图3-20 pH对黄顶菊种子萌发的影响

张风娟等（2009）研究认为，黄顶菊种子在培养液pH 5.07 ~ 8.61范围内的5个处理的发芽率都在93%以上，最高的可达99.33%（pH=5.07）。通过分析表明，对于发芽率，培养液pH为5.07、5.92、6.8时的发芽率极显著高于pH为7.73、8.61时的发芽率；而对于幼苗的根长和苗长，培养液pH为6.8时的幼苗根长显著长于其他4个处理下的幼苗根长，培养液pH为5.07和5.92时的幼苗根长显著大于pH为7.73和8.61时的幼苗根长，培养液的pH为5.07、5.92和6.8时的幼苗苗长显著大于pH为7.73和8.61时的幼苗苗长（表3-12）。因此，培养条件为偏酸性环境时有利于黄顶菊种子的萌发与幼苗的生长。

表3-12　不同pH环境条件下的黄顶菊种子发芽率及幼苗的根长和苗长

项目	pH				
	5.07	5.92	6.8	7.73	8.61
发芽率(%)	99.33±1.15aA	96.67±3.15aA	98.67±2.31aA	93.33±2.31bB	94.67±3.06bB
根长(mm)	9.10±1.03bB	8.90±1.53bB	18.01±2.54aA	0.93±0.23cC	0.50±0.07cC
苗长(mm)	4.43±0.35aA	4.61±0.49aA	4.10±0.70aA	2.00±0.08bB	1.62±0.24bB

注：表中同一行数据后的不同字母为多重比较的结果。小写字母表示在0.05水平上差异显著，大写字母表示在0.01水平上差异显著。

（二）盐胁迫

张米茹（2010）研究了NaCl对黄顶菊种子萌发的影响。结果显示，在浓度范围为0 ～ 160 mmol/L的NaCl溶液中，黄顶菊种子发芽率不受影响，发芽率为93.3％～ 99.3％；浓度在160 ～ 320 mmol/L范围内，黄顶菊种子发芽率随着NaCl浓度升高而不断降低。在NaCl溶液浓度为240 mmol/L时，仍有50％以上的种子萌发；NaCl溶液浓度升高到320 mmol/L时，种子的发芽率为2.3％（图3-21）。因此，黄顶菊对盐分具有很强的忍耐力。

关于黄顶菊种子耐受盐胁迫的研究有许多。任艳萍等（2008）研究显示，在NaCl浓度为0.01 mol/ L和0.05 mol/L的胁迫下，黄顶菊种子发芽率仍保持在90％以上；当NaCl浓度由0.15 mol/L增至0.20 mol/L

时，黄顶菊种子发芽率从55.25%急剧下降为4.5%；在NaCl浓度为0.25 mol/L和0.30 mol/L的胁迫下，种子萌发很少或不萌发。芦站根、周文杰（2008）的研究认为，在适温度条件下，黄顶菊种子萌发耐受NaCl的临界值为89.919 mmol/L，极限值为218.92 mmol/L。张风娟等（2009）研究认为，黄顶菊种子在NaCl浓度0.05 ~ 0.1 mol/L胁迫下，发芽率介于93.23% ~ 98.33%；当NaCl浓度为0.2 mol/L时，黄顶菊种子发芽率为66.0%；当NaCl浓度为0.4 mol/L时，黄顶菊种子不能萌发。

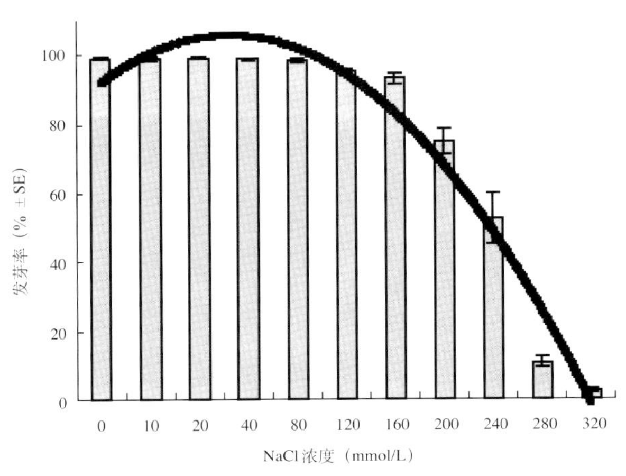

图3-21 NaCl对黄顶菊种子萌发的影响

冯建永等（2010）利用2种中性盐NaCl、Na_2SO_4及2种碱性盐Na_2CO_3、$NaHCO_3$按不同比例混合，模拟出河北省主要的4种盐碱地成分组成（表3-13），根据不同的处理、不同的浓度模拟出24种与河北省天然盐碱生态条件基本一致的复杂盐碱条件，对黄顶菊种子进行处理，探讨了复杂盐碱条件对黄顶菊种子萌发和幼苗生长的影响。研究结果表明，盐浓度与A、B、C、D 4个处理组的发芽率、发芽指数、根长以及茎高均表现为负效应，在相同盐浓度的处理下，随着盐溶液碱性的降低，各处理的发芽率、发芽指数、根长以及茎高均明显上升；当盐浓度达到300 mmol/L时，各处理组的黄顶菊种子均不能萌发；对各胁迫因素与发芽率、发芽指数、根长以及茎高之间进行统计学分析表明，在各胁迫因素中，盐浓度是影响黄顶菊种子萌发和幼苗生长的主导因素，pH对黄顶菊种子萌发和幼苗生长没有决定性作用。

表3-13 各处理所含盐及其摩尔比

处理组	盐组成及其摩尔比			
	NaCl	Na_2SO_4	$NaHCO_3$	Na_2CO_3
A	6	1	22	4
B	1	18	1	0
C	72	20	1	0
D	300	34	1	0

郭媛媛等（2011）研究了NaCl胁迫对黄顶菊生长的影响，NaCl处理明显抑制了黄顶菊的生长。随

着NaCl质量分数的增加，黄顶菊株高在质量分数为0.2%时下降，在0.3%～0.4%时有小幅度升高，之后又逐渐下降；叶面积随着NaCl质量分数的升高呈现下降的趋势，各处理之间均差异显著；总鲜重和总干重也显著下降。质量分数为0.4%时，处理6～8 d时有部分叶片出现卷曲，处理15 d时大部分叶片出现萎蔫、脱落等死亡现象。由此表明，高质量分数NaCl处理明显抑制了黄顶菊的生长，0.4%为致死质量分数。

为了解黄顶菊对盐渍土的入侵机理，柴民伟模拟出25种不同的盐度和pH的混合盐对黄顶菊的种子进行处理，并选择中性盐NaCl和碱性盐Na_2CO_3对黄顶菊植株进行了梯度胁迫试验。结果发现：①黄顶菊种子的发芽率随着盐度和pH的增加而降低。经胁迫处理而未萌发的种子在复萌后大部分萌发，说明在盐渍土环境中，黄顶菊的一部分种子暂不萌发，等到雨水充足、盐碱胁迫减弱时复萌。这可能是黄顶菊避免植株在高盐碱胁迫下大量死亡的一种耐受机制。多元回归表明，盐度是影响黄顶菊种子萌发的决定性因素，而其他胁迫因子作用较小；当种子萌发后，碱度（pH）开始作为影响幼苗生长的主要因素，而缓冲量对幼苗生长有一定的保护作用。②低盐度的中性盐NaCl对黄顶菊生长的影响不明显，但是随着盐度的增加，胁迫效应逐渐明显。碱性盐Na_2CO_3不仅使黄顶菊的日相对生长率显著降低，叶片电解质渗透率增大，而且增加了丙二醛、可溶性糖和游离脯氨酸含量。表明黄顶菊对于中性盐渍土具有较强的耐性和抗性，而在碱性盐渍土上的侵入和发展均受到一定的抑制（柴民伟等，2011；柴民伟，2013）。

（三）干旱胁迫

张风娟等（2009）的研究结果表明，当PEG浓度为0.05时，种子的发芽率、萌发指数、活力指数、幼苗的根长和苗长等指标均较对照有所升高，但差异不显著；随着胁迫程度的增加，种子的发芽率、萌发指数、活力指数、幼苗的根长和苗长等指标逐渐降低。当PEG浓度为0.10 g/mL时，只有根长1个指标与对照差异显著；当PEG浓度为0.15 g/mL时，种子的萌发指数、活力指数与对照差异显著，幼苗根长与对照差异极显著；当渗透势为0.20 g/mL时，种子的发芽率、萌发指数、活力指数、幼苗的根长和苗长与对照差异极显著。表明黄顶菊能忍受一定的渗透胁迫，因此推测黄顶菊有可能向较干旱地区扩散。

周君（2010）通过盆栽试验获取土壤含水率、植株地上组织含水率、生理生化指标，分析黄顶菊的抗旱性。①土壤含水率变化：停止浇水处理，盆钵的土壤含水率由正常浇水时的21.4%下降到停止供水处理第15 d的2.8%。在处理期间，每隔5 d测定一次，土壤含水率逐渐下降，依次为21.4%、11.5%、5.6%、2.8%，第15 d时土壤含水率降至2.8%。随着停止供水处理时间的延长，土壤含水率逐渐下降，处理前期含水率下降相对较快。②植株地上组织含水率变化：土壤停止供水处理的时间进程中，黄顶菊植株地上组织含水率逐渐减少，第5 d之后差异显著，处理第15 d，植株地上组织含水率已经由正常的76.7%降至6.7%；停止供水处理10 d后，部分老叶开始出现萎蔫，幼苗叶片颜色变得暗淡，光泽消失，植株生长基本停止；处理15 d后，90%以上的植株出现了萎蔫；处理20 d后，植株全部干枯死亡。由于处理过程中，土壤中可利用水逐渐减少，使得植物根系吸水困难，从而造成植物含水量降低。③生理生化指标变化：各生理生化指标的初始值与对照是相同的，在处理过程中，对照的各生理生化指标基本稳定，在处理之后的10 d，对照植株的土壤含水率（SWC）、黄顶菊植株地上组织含水率（PWC）、脯氨酸（Pro）、丙二醛（MDA）、可溶性糖（WSS）、过氧化物酶（SOD）、过氧化物酶（POD）和过氧化氢酶（CAT）分别为25.0 %、77.4%、106.7 μg/g FW、4.7 μmol/g FW、0.17 mg/g FW、

70.8 U/g FW、2.1 U/g FW、0.07 U/g FW；在处理之后的10 d，土壤停止供水处理植株的SWC和PWC分别下降到5.6%和17.3%，而其他6个指标分别升高到199.2 μg/g FW、6.3 μmol/g FW、0.24 mg/g FW、122.9 U/g FW、6.2 U/g FW和0.10 U/g FW；在处理之后的15 d，处理植株的SWC和PWC分别下降到2.8%和6.7%，而其他6个指标分别升高到941.4 μg/g FW、19.6 μmol/g FW、0.85 mg/g FW、185.3 U/g FW、41.1 U/g FW和0.28 U/g FW。由此看出，在土壤停水处理后期，黄顶菊表现出了很强的抗旱性。

张天瑞等（2010）选择果园、路边、河边、荒地4种生境的黄顶菊种子，通过PEG-6000胁迫模拟干旱条件研究黄顶菊对干旱的耐受性。试验结果表明，干旱胁迫抑制黄顶菊种子的萌发，发芽率、萌发指数、活力指数和萌发胁迫指数均随PEG浓度的增加而降低。胚芽长随PEG浓度的增加呈先增加后降低的趋势，0.1 g/mL浓度处理达最大值；胚根长的变化有两种：路边和荒地种群随PEG浓度的增大呈先增加后降低的趋势，果园和河边种群随PEG浓度的增加而下降；当PEG浓度大于0.4 g/mL时，种子萌发完全受到抑制。通过耐旱性综合评价指数表明，不同生境黄顶菊耐旱性强弱依次为果园>路边>河边>荒地（表3-14）。

表3-14 耐旱指标隶属值及耐旱性评价（张天瑞等，2010）

种群	发芽率（%）	活力指数	萌发胁迫指数	平均	耐旱排序
果园	0.55	0.48	0.08	0.37	1
路边	0.37	0.41	0.25	0.34	2
河边	0.20	0.20	0.20	0.20	3
荒地	0.28	0.25	0.06	0.19	4

王秀彦（2011）通过试验观察干旱对黄顶菊种子萌发、生长发育、光合特性的影响。结果表明：①PEG浓度为2%时，黄顶菊种子发芽率能达到60%～70%，明显高于对照处理；PEG浓度为10%和15%时，黄顶菊种子发芽率只能达到40%左右，表明干旱胁迫降低黄顶菊种子的发芽率。②在水分控制下，黄顶菊的株高、叶片数量、叶面积均发生了较大的变化，随着水分胁迫的增强，其生长量均出现降低趋势；植株的基径变化不大。干旱胁迫下黄顶菊的株高生长受到明显抑制，轻度干旱处理（T_1）和重度干旱处理（T_2）同对照处理（CK）相比，分别降低了16.74%和25.54%，存在显著性差异；而重度干旱处理比轻度干旱处理降低了5.9%，不存在显著性差异。从叶片数量的比较而言，轻度干旱处理与对照处理没有显著差异，但是重度干旱处理分别比对照处理和轻度干旱处理降低了35.78%和31.73%，均存在明显差异；当叶片长到一定的程度，就会停止生长，水分胁

迫对叶面积的影响是较为明显的，随着胁迫程度的增加，叶面积受到的抑制越严重，最终达到的最大叶面积越小；虽然水分胁迫对黄顶菊的基径总体变化不是很大，但在一定程度上也抑制了植株的生长。③在土壤水分为正常的条件下，黄顶菊的*Pn*曲线基本呈“双峰”形；但在土壤水分为轻度干旱和重度干旱条件下，*Pn*呈“单峰”曲线。正常条件在11:30左右达到第一个峰值，为31.83 μmol/（$m^2 \cdot s$），15:30再次达到峰值，为23.34 μmol/（$m^2 \cdot s$）。而轻度干旱、重度干旱在13:30达到峰值分别为26.87 μmol/（$m^2 \cdot s$）和26.22 μmol/（$m^2 \cdot s$）。正常条件、轻度干旱、重度干旱3个处理黄顶菊叶片的蒸腾速率（*Tr*）日变化均呈“单峰”曲线，与气孔导度基本相似。3种水分条件下，随着光合有效辐射（*PAR*）的增强，黄顶菊的蒸腾速率均增强，在11:30左右达到高峰，随后持续下降。同时，随着土壤水分的减少，蒸腾速率日平均值减小，轻度干旱和重度干旱条件下蒸腾速率日平均值比对照处理分别降低了5.6%和8.0%，但各处理之间差异不显著。从日平均水分利用效率来看，对照处理与重度干旱处理间无显著差异，而轻度干旱处理显著低于照处理和重度干旱处理，说明适度干旱胁迫有助于提高黄顶菊的水分利用效率。黄顶菊通过调节气孔的开放程度来适应较干旱的环境，适度干旱能引起其抗旱性响应，但在重度干旱处理下，由于光合作用非气孔因素限制的影响，气孔在水分利用效率中的调节作用减弱。综上所述，干旱胁迫降低了黄顶菊叶片的净光合速率（*Pn*）、蒸腾速率、气孔导度（*Sc*）等生理指标，净光合速率下降的原因既有气孔因素又有非气孔限制因素，干旱胁迫推迟了净光合效率峰值出现的时间，适度干旱能够有效提高黄顶菊的水分利用效率引起其抗旱性响应。黄顶菊干旱胁迫盆栽试验见图3-22。

图3-22　黄顶菊干旱胁迫试验（李瑞军提供）

（四）冷冻和水淹胁迫

将黄顶菊种子在－20℃低温条件下储藏，分别在放置15 d、30 d、45 d、60 d、75 d、90 d后进行种子发芽力测试，以常温放置种子为对照。试验结果显示，黄顶菊种子随着低温处理时间的延长，发芽率呈现下降趋势，在－20℃的条件下保存3个月后，发芽率仍然能达到30%以上（表3-15）。可见，黄顶菊抵抗低温的能力较强，说明该物种有在我国北方寒冷地带定殖的可能性（陆秀君等，2009）。

表3-15　冷冻处理（－20℃）时间与黄顶菊种子萌发的影响

时间（d）	平均发芽率（%）	时间（d）	平均发芽率（%）
CK1	59.0	60	40.5
15	54.5	75	34.0
30	45.0	90	36.5
45	40.5	CK2	58.5

注：CK1为室温15 d种子，CK2为室温90 d种子。

将黄顶菊花穗在水中浸泡，在15 d、30 d、45 d、60 d、75 d、90 d后分别取出，进行种子萌发试验，以同时间常温保存的种子为对照。试验结果显示，黄顶菊花穗随着浸水时间的延长，种子发芽率呈现持续降低的趋势。当持续浸泡90 d后，种子的发芽率仍能达到10.5%（表3-16）。这一结果可以为黄顶菊种子随果枝、随水流远距离传播提供了依据（陆秀君等，2009）。

表3-16　花穗浸水对种子萌发的影响

时间（d）	平均发芽率（%）	时间（d）	平均发芽率（%）
CK1	59.0	60	26.5
15	47.0	75	13.5
30	43.0	90	10.5
45	32.0	CK2	58.5

注：CK1为室温15 d种子，CK2为室温90 d种子。

二、光合特性

黄顶菊在苗期、生长期、开花初期的净光合速率日变化均呈现单峰式曲线变化，最大净光合速率出现在11: 00，最大净光合速率值分别为23. 6 μmol/（$m^2 \cdot s$）、37. 5 μmol/（$m^2 \cdot s$）、41.5 μmol/（$m^2 \cdot s$），且三者的变化趋势不同。在苗期，当环境光强相对较弱时（8:00），其光合作用强度为14.2 μmol/（$m^2 \cdot s$）左右。随着外界光辐射强度增加，气温升高，黄顶菊植株体内酶系统充分活化，气孔较大开放，净光合速率迅速增强，光合作用加快，黄顶菊叶片净光合速率从8: 00的14. 2 μmol/（$m^2 \cdot s$）迅速上升到11:00的23. 6 μmol/（$m^2 \cdot s$），达到最大值。而11:00 ~ 17:00黄顶菊净光合速率呈直线下降，到17:00下降到1 d中的最低值4.1 μmol/（$m^2 \cdot s$）。在生长期，8: 00 黄顶菊净光合速率比苗期高为23. 1 μmol/（$m^2 \cdot s$）。黄顶菊叶片净光合速率8:00 ~ 11:00呈直线上升，在11:00达到最大值，最大净光合速率为37.5 μmol/（$m^2 \cdot s$），而后11:00 ~ 14:00 黄顶菊净光合速率变化不大，并开始缓慢下降，14:00 ~ 17:00 光合速率下降更快。在开花初期，黄顶菊叶片净光合速率从8:00 ~ 11:00呈直线上升趋势增加，在11:00达到最大值，最大净光合速率为41.5 μmol/（$m^2 \cdot s$），而后11:00 ~ 15:00光合速率变化不大，以后开始缓慢下降，15:00 ~ 17:00光合速率下降速度加快。从3个生长时期净光合速率日变化进程来看，黄顶菊无光合“午休”现象，表明黄顶菊即使在高光强下，也能有效进行光合作用，对环境的生长适应能力较强。黄顶菊的光饱和点为1 512 μmol/（$m^2 \cdot s$），光补偿点为53.7 μmol/（$m^2 \cdot s$），说明黄顶菊能够有效利用高光照条件，但是耐阴能力较差，为阳性杂草（许贤等，2010）。

在黄顶菊－玉米竞争小区试验中，研究人员测量相关光合参数（图3-23）。

图3-23 研究人员测量黄顶菊－玉米竞争小区试验相关光合参数（张国良摄）

三、竞争特性

黄顶菊根系发达，植株高大，枝叶稠密，严重遮挡了其他生物生长所必需的阳光，挤占其他植物的生存空间。同时，黄顶菊在生长过程中，其根部产生化感物质还抑制周围其他植物的种子萌发及生长，具有生态占位性。久而久之，就会形成植被单一、植物资源匮乏的恶劣生态环境。

黄顶菊能够成功入侵我国并能够定殖，其原因之一就是黄顶菊的根系能分泌化感物质抑制其他植物生长。目前，研究证实黄顶菊富含黄酮及噻吩类化合物，而黄酮类化合物及含硫化合物是重要的化感物质（孔垂华等，2001）。黄顶菊主要通过植株残体和根系分泌向环境中释放化感物质，其次是通过雨雾的淋溶对受体植物产生化感作用（冯建永等，2009）。

李香菊等（2007）采用培养皿滤纸法研究黄顶菊水提取液对30种受体植物（玉米、大麦、小麦、棉花、大豆、油菜、花生、白菜、萝卜、菜豆、辣椒、黄瓜、马唐、黑麦草、高羊茅等）种子发芽及胚根伸长的化感作用。结果表明，浓度为0.1 g/mL（干重）的成熟黄顶菊植株水提取液对供试的29种植物种子发芽和28种植物胚根伸长有不同程度抑制作用，但对黄瓜和菜豆2种植物胚根伸长有促进作用；该浓度下，有24种植物的发芽率或胚根长降低50%以上，占供试植物种数的80%，提取液浓度越高对受体植物发芽和胚根伸长的抑制作用越强；黄顶菊不同生育时期和不同器官提取液对受体植物种子发芽及胚根伸长的抑制程度有差异，成熟期植株>营养生长期植株、叶片>花（果实）>茎>根。黄顶菊水提液对牧草种子的化感作用见图3-24。

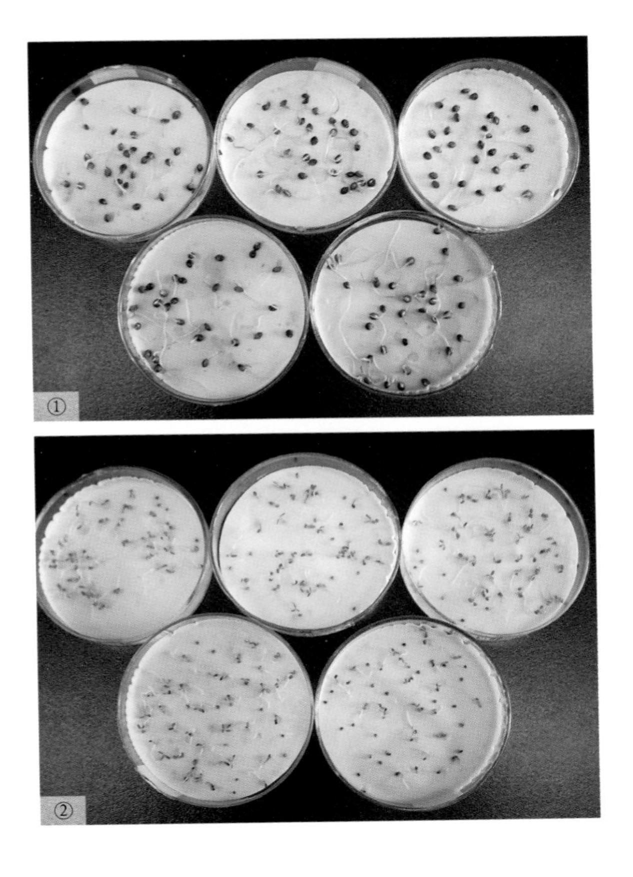

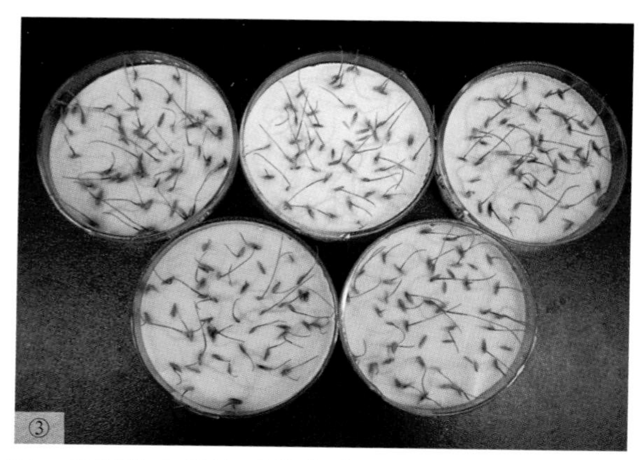

图3-24　黄顶菊水提液对牧草种子的化感作用（张瑞海摄）
①高丹草　②黑麦草　③三叶草

黄顶菊对小麦的化感作用研究（陈艳，2008）表明：黄顶菊植株、根系和根际土壤样品提取物对小麦幼苗生长表现出不同程度的抑制作用，抑制活性随着各部分提取物的浓度增加而增强（图3-25）；相同浓度下新鲜黄顶菊植株水提物对小麦幼苗生长的抑制作用强于其根系水提液对小麦幼苗生长的抑制作用；黄顶菊植株水提液10%的处理浓度对小麦幼苗根长、苗高、根鲜重和苗鲜重的抑制率分别达21.0%、23.6%、28.3%和20.2%；黄顶菊根系水提液10%的处理对小麦幼苗根长、苗高、根鲜重和苗鲜重的抑制率分别达16.9%、13.3%、8.8%和13.5%；根际土壤提取物浓度达到5 g/mL时，对小麦幼苗根长、苗高、根鲜重和苗鲜重的抑制率分别达15.6%、23.6%、27.9%和35.8%；干枯黄顶菊植株水提液在浓度为0.01 g DW/mL时，对小麦幼苗根长、苗高、根鲜重和苗鲜重的抑制率分别达40.6%、25.5%、32.2%和29.4%。由此推断出，黄顶菊可以通过淋溶、根系分泌和残株分解途径产生抑制小麦幼苗生长的化感物质，从而为其自身的生长创造更好的条件。同时，通过高速逆流色谱技术从黄顶菊植株水提液分离出一个主要的潜在化感物质，初步鉴定为黄酮类物质，对小麦幼苗根长生长的抑制中浓度为0.352 mg/mL，对苗高生长的抑制中浓度为0.271 mg/mL。

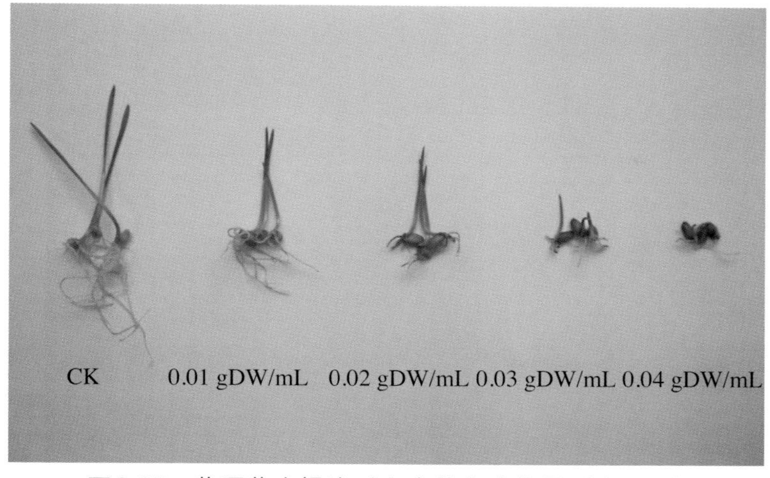

图3-25 黄顶菊水提液对小麦的化感作用（陈艳摄）

黄顶菊对玉米的化感作用研究（唐秀丽，2012）表明：①不同浓度的黄顶菊水浸提液对受体玉米种子萌发有不同程度的抑制作用，随着浓度的增大，对玉米种子萌发的化感作用越来越明显。处理72 ～ 120 h的种子发芽率仅为25％～ 30％，胚根和胚芽度分别只有0.2 cm和0.1 cm以下，而对照种子发芽率则高于85％，胚根、胚芽的长度大于5.5 cm和1.2 cm，在最高浓度（0.1 g/mL）处理中，玉米种子基本不萌发。②黄顶菊水提液对玉米幼苗株高和主根长、侧根数以及鲜重随着处理浓度的增大和处理时间的延长均表现出明显的化感效应。③应用扫描电镜和透射电镜技术观察黄顶菊水浸提液处理后玉米种子和幼苗的形态结构，发现玉米种子萌发表现为胚根、胚芽长度短小，侧根数目少，有的种子甚至不萌发；玉米幼苗植株表现出矮小，叶片数量稀少，根短小易破，侧根数量减少。观察处理后的种子内部结构，糊粉层和种皮之间明显出现断面，部分糊粉层严重溃陷变形，部分盾片细胞已经成为空室且有较大空隙。这些变化致使种子活性显著降低或几乎完全丧失。④经黄顶菊水浸提液处理后的玉米种子和幼苗体内赤霉素（GA）和脱落酸（ABA）含量均发生了明显变化，与对照均有显著性差异。GA含量随着处理浓度增大而减少，ABA含量则随着处理浓度增大而增加。处理前期，GA含量随着处理时间的延长明显降低，ABA含量随着处理时间的延长明显上升。最低浓度（0.01 g/mL）处理后的玉米种子中，GA和ABA含量增幅分别达到116.2%和234.9%。黄顶菊水浸提液处理幼苗叶片中GA含量增幅达50%，ABA含量增幅达30%。这表明黄顶菊水浸提液浓度越大，GA和ABA含量变化越明显，黄顶菊植株的化感抑制作用越强（图3-26）。

图3-26 黄顶菊水提液和根际土对玉米的化感作用
（①张瑞海摄，②付卫东摄）

黄顶菊茎叶及根系浸提液对紫花苜蓿化感综合效应均小于0，表现出促进生长的作用；对欧洲菊苣、红三叶、一年生黑麦草有不同程度的抑制作用；同时，紫花苜蓿浸提液也对黄顶菊有较强的化感作用，其茎叶和根系浸提液对黄顶菊的化感综合效应值分别达65%和93%，为较有替代潜力的牧草种类（皇甫超河等，2010）。

赵丹等（2013）采用生物检测方法研究了不同质量浓度的黄顶菊提取液对旱稻种子萌发和幼苗生长的影响。结果表明，黄顶菊提取液质量浓度为0.100 g/mL时，旱稻种子的发芽率降低到66.7%，幼苗芽长仅为0.67 cm，其对旱稻种子萌发和幼苗芽长表现出显著的抑制效应，抑制率分别为24.0%、47.7%（$P<0.05$）。黄顶菊提取液质量浓度为0.050～0.100 g/mL时，旱稻种子根长为0.26～1.23 cm，其对旱稻种子根长表现出显著的抑制效应（$P<0.05$），抑制率在43.3%～88.0%，且随着质量浓度的升高，抑制作用增强。

研究证明，黄顶菊植株水浸液和根部土壤对玉米、小麦、大豆、白菜4种作物生长具有不同程度的抑制作用，种子的发芽率和发芽速度降低，种子萌发后的幼苗生长受到明显抑制，幼苗高度降低而根系长度和鲜质量增长。同时，经处理的作物植株出现叶片数减少、叶色发黄、茎秆弱小等异常症状，说明黄顶菊对测试的几种作物生长有明显的阻碍性化感作用（严加林等，2014）。

代磊（2018）研究了黄顶菊种子浸提液及茎秆浸提液对生菜、春菜、芥蓝、小麦（2个品种）4种作物种子萌发及幼苗生长的化感作用，发现浸提液对生菜、春菜、芥蓝种子的发芽率均表现出了不同程度的抑制作用，3种蔬菜种子发芽率对黄顶菊种子浸提液的敏感程度依次为生菜>芥蓝>春菜；2种小麦对黄顶菊茎秆浸提液的敏感性大小依次为周麦18>百农207。

第四章 黄顶菊检疫方法

植物检疫措施是控制黄顶菊传播扩散、蔓延危害的首要技术措施。农业植物检疫机构对黄顶菊发生区及周边地区的动植物及动植物产品的调运、输出强化检疫和监测，有助于防止黄顶菊扩散蔓延。

第一节 检疫方法

一、调运检疫

一般指从疫区运出的物品除获得有关部门许可外均须进行检疫检验。检疫部门对植物及植物产品、动物及动物产品或其他检疫物在调运过程中进行检疫，是严防黄顶菊人为传播扩散的关键环节，可以分为调出检疫和调入检疫。

（一）应检疫的物品

1. 植物和植物产品　该类产品主要是通过贸易流通、科技合作、赠送、援助、旅客携带和邮寄等方式进出境。

2. 动物和动物产品　指对牲畜的引种和动物产品的远距离调运，如牛、羊等活畜，羊毛、皮货等。该类物品主要通过贸易流通、引种等方式进出境。

3. 土壤及栽培介质　带有土壤的其他植物；使用过的运输器具/机械；在存放时，曾与土壤接触的草捆和农作物秸秆、农家肥，与土壤接触过的废品、垃圾等。

4. 装载容器、包装物、铺垫物和运载工具及其他检疫物品　在植物和植物产品、动物和动物产品流通中，需要使用多种多样的装载容器、包装物、铺垫物和运载工具。

（二）检疫地点

在黄顶菊发生地区及邻过地区，经省级以上人民政府批准，疫区所在地植物检疫部门可以选择交通要道或其他适当地方设立固定检疫点，对从黄顶菊发生区驶出或驶入的可能运载有应检物品的车辆和可能被黄顶菊污染的装载容器、包装物进行检查。

（三）检疫证书

对于从黄顶菊发生地区外调的动物及动物产品、植物及植物产品，经过检疫部门严格检疫，确实证明不携带检疫对象后可出具检疫证书；对于从外地调入的动物及动物产品、植物及植物产品，调运单位或个人必须事先向所在地检疫部门申报，检疫部门要认真核实动物及动物产品、植物及植物产品原产地黄顶菊的发生情况，并实施原产地检疫或实验室检疫，确认没有发生疫情后，方可允许调入。对于调出或调入的蔬菜、水果、集装箱、运输工具、农林机械及其他检疫物品等也应实行严格检查，重点检查货物、包装物、内容物、携带土壤中是否夹带、粘带或混藏黄顶菊种子、种苗。

调查的种子需要进行实验室检疫时，采用对角线或分层取样方法抽取样品，于室内过筛检测。以回旋法或电动振动筛振荡，使样品充分分离，把筛上物和筛下物分别倒入白瓷盘内，用镊子挑拣疑似黄顶菊种子，放入培养皿内鉴定。

二、产地检疫

在黄顶菊发生区，植物、动物、植物产品、动物产品或其他检疫物调运前，由输出地的县级检疫部门派出检疫人员到原产地进行检疫。

1. 检疫地点　主要包括农田、果园、林地、公路和铁路沿线、河滩、农舍、有外运产品的生产单位以及物流集散地等场所。

2. 检疫方法　在黄顶菊生长期或开花期，到检疫地点进行实地调查，根据该植物的形态特征进行鉴别，确定种类。

3. 检疫监管　检疫部门应加强对牲畜、家禽、种子、林木种苗、花卉繁育基地的监管，特别是从省外、国外引种的牲畜、家禽、种子、林木种苗、花卉繁育基地。对从事植物及植物产品加工、动物及动物产品加工的单位或个人进行登记建档，定期实施检疫监管。

第二节　鉴定方法

在检疫过程中，发现疑似黄顶菊植株或种子时，可按照以下几个方面进行鉴定：

一、鉴定是否为菊科

菊科植物的鉴定特征：草本、亚灌木或灌木，稀为乔木。有时有乳汁管或树脂道。叶通常互生，稀对生或轮生，全缘或具齿或分裂，无托叶，或有时叶柄基部扩大成托叶状；花两性或单性，极少有单性异株，整齐或左右对称，五基数，少数或多数密集成头状花序或为短穗状花序，为1层或多层总苞片组成的总苞所围绕；头状花序单生或数个至多数排列成总状、聚伞状、伞房状或圆锥状；花序托平或凸起，具窝孔或无窝孔，无毛或有毛；具托片或无托片；萼片不发育，通常形成鳞片状、刚毛状或毛状的冠毛；花冠常辐射对称，管状，或左右对称，两唇形，或舌状，头状花序盘状或辐射状，有同形的小花，全部为管状花或舌状花，或有异形小花，即外围为雌花，舌状，中央为两性的管状花；雄蕊4～5个，着生于花冠管上，花药内向，合生成筒状，基部钝，锐尖，戟形或具尾；花柱上端两裂，花柱分枝上端有附器或无附器；子房下位，合生心皮2枚，1室，具1个直立的胚珠；果为不开裂的瘦果；种子无胚乳，具2个，稀1个子叶。

二、鉴定是否为黄菊属

黄菊属植物的鉴定特征：一年生或多年生草本或灌木，高0.5～2.5（～4）m。茎直立或匐生，生长后期多呈红紫色，多分枝。叶茎生，对生或交互对生；长圆形至卵形、披针形、线形，具柄或无柄；叶基部或呈近合生至抱茎状；全缘，或有锯齿，或针状锯齿，无毛或被短柔毛，常具3出脉。头状花序盘状（无舌状花）或辐射状（有舌状花），通常聚合成紧密或松散的、顶部平截的伞房状或团伞状复合花序；总苞长圆形、坛形、圆筒形或陀螺形，直径0.5～2 mm，总苞片宿存，2～6（～9）片，线形、凹状或呈船形；花托凸起，无托苞（而团伞花序的“花托”或被刚毛）；

外围小花无或1（～ 2）枚，雌性，可育，花冠舌状，黄色或白黄色（舌瓣不明显）；中央小花1 ～ 15枚，两性、可育，花冠管状，黄色，5裂，裂片近等边三角形，檐部漏斗状至钟状，不短于冠筒。瘦果或为连萼瘦果，黑色，略扁平，窄倒披针形或线状长圆形；无冠毛，或宿存，2 ～ 4 mm，呈透明鳞片状，或聚合呈冠状。染色体基数：$X = 18$。

三、鉴定是否为黄顶菊

黄顶菊的鉴定特征：在适生环境下为一年生草本植物，柔弱或粗壮，高多为25 ～ 100 cm，有时可达2 m以上。茎直立，常有4 ～ 6纵沟，略带紫红色，生长末期尤为明显，被稀疏长柔毛。叶对生，浅绿色至蓝绿色，长2 ～ 12（～ 18）cm，宽1 ～ 2.5（～ 7）cm，厚纸质或稍肉质，无毛或密被短柔毛；基生3条主脉，呈黄白色，叶背侧脉明显；披针状椭圆形，基部渐窄；叶缘具锯齿，齿尖或有微刺。叶柄长0.3 ～ 1.5 cm，基部近合生；端部叶基部通常合生，无叶柄。头状花序蝎尾状排列，紧密聚集成顶部较平截的头状花序状团伞复合花序；总苞长约5 mm，长圆形，有棱；总苞片3（～ 4）片，长圆形，内凹，端部圆形或钝圆形；小苞片1 ～ 2片，线形，长1 ～ 2 mm；花托光滑。舌状花的花冠短，长1 ～ 2 mm，灰黄色，舌瓣直立，长约

1 mm，斜卵形，先端急尖，多包于闭合的苞片内，鲜向外突出；管状花（2 ～）3 ～ 8枚，花冠长约2.3 mm，冠筒长约0.8 mm，檐部长约0.8 mm，漏斗状，裂片长约0.5 mm，先端急尖；花药长约1 mm。瘦果，略扁平，倒披针形，有纵肋10条，无冠毛；管状花瘦果长约2 mm，舌状花瘦果略大，长约2.5 mm，倒披针形或近棒状。种子单生，胚直立、乳白色、无胚乳。花果期：7 ～ 11月。染色体数：$2n = 36$。

黄顶菊是我国唯一的黄菊属植物，易与其他植物相区分。区别于本属其他植物的典型特征：有总苞片3(～4）片，头状花序有小花2～8枚，舌状花花冠退化；茎秆被柔毛；叶披针至椭圆形，略带蓝色，时被微柔毛。

黄顶菊特征见图4-1至图4-5。

图4-1　黄顶菊植株（王忠辉摄）

图4-2　黄顶菊根（①张国良摄，②付卫东摄）

图4-3　黄顶菊茎（王忠辉摄）

图4-4　黄顶菊叶（王忠辉摄）

图4-5　黄顶菊花（郑浩摄）

第三节 检疫处理方法

产地检疫过程中确认发现黄顶菊时，应立即向当地植物检疫部门和外来入侵生物管理部门报告，并根据实际情况启动应急治理预案，防止黄顶菊进一步传播扩散。

在调运的动物、植物、动物产品、植物产品或其他检疫物实施检疫或复检中，发现黄顶菊植物或种子时，应严格按照检疫法律法规的规定对货物进行处理。同时，立即追溯该批动物、植物、动物产品、植物产品或其他检疫物的来源，并将相关调查情况上报调运目的地的植物检疫部门和外来入侵生物管理部门。

对于产地检疫新发现或调运检疫追溯到的黄顶菊要采取紧急防治措施，使用高效化学药剂直接灭除，定期监测发生情况，开展持续防治，直至不再发生或经管理部门委派专家评议认为危害水平可以接受为止。

货物原产地检疫和货物调运检疫过程见图4-6、图4-7。

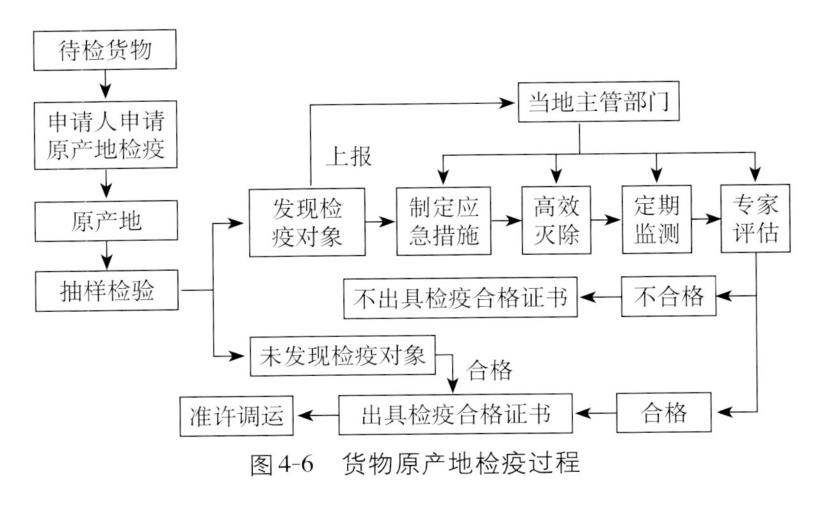

图4-6 货物原产地检疫过程

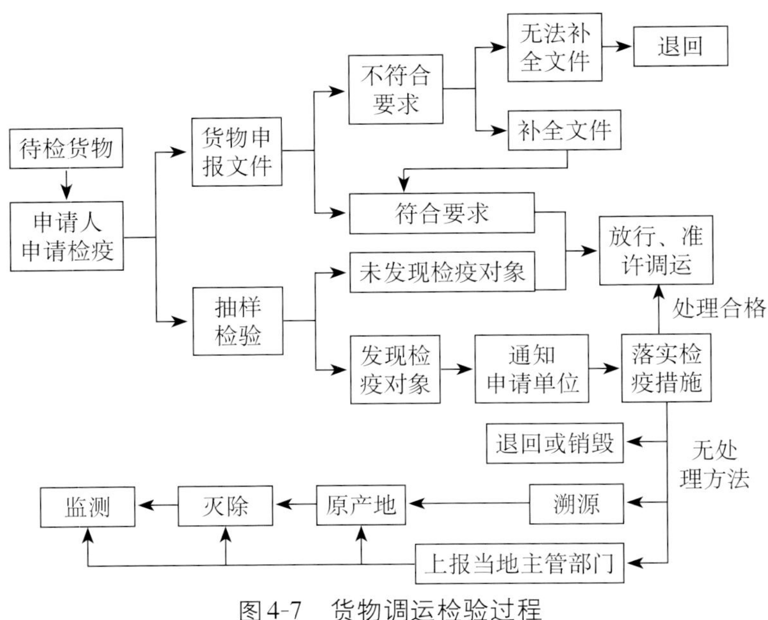

图4-7 货物调运检验过程

第五章 黄顶菊调查与监测方法

加强调查监测是防范黄顶菊入侵、定殖、扩散、保护本地生物多样性、确保生态环境安全的基础前提和重要保障。通过对黄顶菊发生情况进行调查监测，能够为防治计划和防治方案的制订提供依据，有利于做到早发现、早扑灭、早控制。

第一节　调查方法

黄顶菊调查一般是指农业、环保等外来入侵生物管理部门，以县级行政区域为基本调查单元，通过走访调查、实地调查或其他程序识别、采集、鉴定和记录黄顶菊发生、分布、危害情况的活动。

一、调查区域划分

根据黄顶菊是否发生，发生、危害情况，将黄顶菊调查区域划分为潜在发生区、发生点和发生区3种类型，实施分类调查。

1.潜在发生区　那些尚未有记载，但自然条件下能满足黄顶菊生长、繁殖的生态区域即为黄顶菊潜在发生区。以县级行政区作为基本调查单位，采用走访调查、踏查和样地调查3种方法，重点调查是否有黄顶菊发生。

在比邻黄顶菊发生区的县级行政区，每个乡（镇）至少选取5个行政村设置固定调查点；在毗邻境外黄顶菊发生区的县级行政区，除按上述要求设置固定调查点外，还要沿边境一线5 km我国领土一侧间隔10 km选取黄顶菊极易发生的公路两侧、农田、果园、河滩、交通枢纽设置重点调查点，同时增设边贸口岸、边贸集镇和边境村寨重点调查点。

2.发生点　在黄顶菊适生区，在黄顶菊植株定殖且片状发生面积小于667 m^2的区域即为黄顶菊发生点。在发生点可直接设置样地进行调查。

3.发生区　黄顶菊繁殖体传入后，能在自然条件下繁殖产生和形成一定的种群规模，并不断扩散、传播的生态区域即为黄顶菊发生区。在黄顶菊发生点的县级行政区，无论发生点的数量多少、面积大小，该区域即为黄顶菊发生区。

在黄顶菊发生的县级行政区，每个乡（镇）至少选取5个行政区设置固定调查点。

设立黄顶菊监测点，对黄顶菊种群发生动态和环境小气候进行定点监测，见图5-1。

图5-1　设立黄顶菊监测点（①王忠辉摄，②③王保廷提供）

二、调查内容

调查内容包括黄顶菊是否发生、传播载体及途径、发生面积、分布扩散趋势、生态影响、经济危害等情况。

对黄顶菊的调查时间，根据离监测点较近的发生区或气候特点与监测区相似的发生区中黄顶菊的生长特性，选择黄顶菊大苗期或开花的时期进行。通过调查，河北省中南部黄顶菊常规在4月上旬开始出苗，出苗后35 ~ 40 d进入大苗期，7月下旬开始现蕾，进入花期。

三、调查方法

采用走访调查、踏查和样地调查的方法对黄顶菊的发生、分布和危害情况进行调查。

（一）走访调查

在广泛收集黄顶菊发生信息的基础上，对黄顶菊易发生区域的当地居民、管理部门工作人员及专家等进行走访咨询或问卷调查，以获取所调查区域的黄顶菊发生情况。每个社区或行政区走访调查30人以上，对走访过程中发现黄顶菊可疑发生地区，应进行深入重点调查。

走访调查的主要内容包括是否发现疑似黄顶菊的植物、首次发现时间、地点、传入途径、生境类型、发生面积、危害情况、是否采取防治措施等，调查结果记入表5-1。

表5-1　黄顶菊发生情况走访调查表

<table>
<tr><th colspan="2">基本信息</th></tr>
<tr><td colspan="2">表格编号[a]：</td></tr>
<tr><td colspan="2">调查地点：　省（自治区、直辖市）　市（盟）　县（市、区、旗）　乡（镇）/街道　村</td></tr>
<tr><td>经纬度：</td><td>海拔：</td></tr>
<tr><td>被访问人姓名：</td><td>联系方式：</td></tr>
<tr><th colspan="2">访问内容</th></tr>
<tr><td>1. 您知道黄顶菊吗？</td><td></td></tr>
<tr><td>2. 是否发现开黄花、花形为蝎尾状疑似黄顶菊的植物？</td><td></td></tr>
<tr><td>3. 首次发现疑似黄顶菊的时间、地点？</td><td></td></tr>
<tr><td>4. 可能的传入途径？</td><td></td></tr>
<tr><td>5. 发生的生境类型和面积？</td><td></td></tr>
<tr><td>6. 对农业、林业的影响和危害？</td><td></td></tr>
<tr><td>7. 牲畜食此植物后有无不良反应？</td><td></td></tr>
<tr><td>8. 对畜牧业生产的影响和危害？</td><td></td></tr>
<tr><td>9. 目前有无利用途径？</td><td></td></tr>
<tr><td>10. 是否采取防治措施？</td><td></td></tr>
<tr><td colspan="2">备注：</td></tr>
<tr><td>调查人：</td><td>调查时间：</td></tr>
<tr><td colspan="2">联系方式：</td></tr>
<tr><td colspan="2">[a] 表格编号由调查地点编号＋调查年份后两位＋本年度调查次序组成。</td></tr>
</table>

技术人员在基层调查黄顶菊入侵情况（图5-2）。

图5-2 技术人员在基层调查黄顶菊入侵情况（张国良摄）

（二）踏查

在黄顶菊适生区，综合分析当地黄顶菊的发生风险、入侵生境类型、传入方式与途径等因素，合理设计野外踏查路线，选派技术人员，通过目测或借助望远镜等方式获取黄顶菊的实际发生情况和危害情况，调查结果填入黄顶菊潜在发生区踏查调查表（表5-2）。

表5-2 黄顶菊潜在发生区踏查记录表

基本信息
表格编号[a]：________ 踏查日期：________ 经纬度：________ 调查点位置：________省（自治区、直辖市）________市（州、盟） 县（市、区、旗）________乡（镇）/街道________村 踏查路线：________ 踏查人：________工作单位：________职务/职称：________ 联系方式：固定电话________移动电话________电子邮件________

（续）

调查内容			
踏查生境类型	踏查面积（hm^2）	踏查结果	备注
合计			
[a] 表格编号以监测点编号+监测年份后两位+年内踏查的次序号（第*n*次踏查）+1组成。			

对黄顶菊踏查记录进行统计汇总，并填入生成汇总表（表5-3），为下一步黄顶菊的治理措施提供翔实的资料。

表5-3 黄顶菊潜在发生区踏查情况统计汇总表

序号	市（州、盟）	调查县个数	调查点数	海拔范围（m）	调查点负责人	调查面积（hm^2）	其中						
							耕地（hm^2）	林地（hm^2）	果园（hm^2）	荒地（hm^2）	沟渠河堤（hm^2）	公路沿线（hm^2）	其他生境（hm^2）
1													
2													
3													
4													

科研工作人员在田间调查黄顶菊发生情况（图5-3）。

图5-3 科研工作人员在田间调查黄顶菊发生情况
（①付卫东摄，②王保廷提供，③张瑞海摄）

（三）样地调查

根据黄顶菊适生区生境类型和在发生区的危害情况，确定调查的生境类型。每个生境类型设置调查样地不少于10个，每个样地面积667 ~ 3 335 m^2。每个样地内选取20个以上的样方，每个样方的面积不小于0.25 m^2。用定位仪定位测量样地经度、纬度和海拔，记录样地的地理信息、生境类型和物种组成。观察有无黄顶菊危害，记录黄顶菊发生面积、密度、危害方式和危害程度（图5-4）。填写黄顶菊潜在发生区定点调查记录表（表5-4）。

图5-4 科研工作人员在样地对样方进行数据调查（王保廷提供）

表5-4 黄顶菊潜在发生区定点调查记录表

基本信息					
表格编号[a]：__________调查时间：______年______月______日					
定点调查的单位：______________________					
调查地点：_____省（自治区、直辖市）_____市（州、盟）________县（市、区、旗）__________乡（镇）/街道__________村					
位置信息：			海拔（m）：		
生境类型：			土壤质地：		
植被组成、特征：					
调查内容					
样方序号	是否发现黄顶菊	受害植物	覆盖度（%）	危害程度	发生面积（hm^2）
1					
2					
3					
…					
备注：					
调查人信息：姓名__________职称__________联系方式______________					
[a] 表格编号以监测点编号+监测年份后两位+年内调查的次序号（第*n*次调查）+2组成。					

第二节 监测方法

一、监测区的划定方法

监测是指在一定的区域范围内，通过走访调查、实地调查或其他程序持续收集和记录黄顶菊发生或者不存在，以掌握其发生、危害的官方活动。

（一）划定依据

开展监测的行政区域内的黄顶菊适生区即为监测区。为便于实施和操作，一般以县级行政区域作为发生区与潜在发生区划分的基本单位。县级行政区域内有黄顶菊发生，无论发生面积大或小，该区域即为黄顶菊发生区。

（二）划定方法

为使监测数据具有较强的代表性，选择一定量监测点很关键。在开展监测的行政区域内，依次选取20%的下一级行政区域至地市级，在选取的地市级行政区域中依次选择20%的县和乡（镇），每个乡（镇）选取3个行政村进行调查。

（三）监测区的划定

1.发生点　黄顶菊植株发生外缘周围100 m以内的范围划定为一个发生点（2棵黄顶菊植株或2个黄顶菊发生斑块的距离在100 m以内为同一发生点）。

2.发生区　发生点所在的行政村（居民委员会）区域划定为发生区范围；发生点跨越多个行政村（居民委员会）的，将所有跨越的行政村（居民委员会）划为同一发生区。

3. 监测区　发生区外围5 000 m的范围划定为监测区；在划定边界时，若遇到水面宽度大于5 000 m的湖泊、水库等水域，对该水域一并进行监测。

（四）设立监测牌

根据黄顶菊的生物学与生态学特性，在监测区相应生境中设置不少于10个固定监测点，每个监测点不少于10 m^2，悬挂明显监测位点牌，一般每月观察一次。

监测牌的内容包括监测地点、海拔范围、监测面积、监测内容、调查单位等信息，同时将黄顶菊的主要形态特征以及在该地区入侵情况和危害作简要介绍。

二、监测内容

（一）发生区监测内容

包括黄顶菊的危害程度、发生面积、分布扩散趋势和土壤种子库等。

（二）潜在发生区监测内容

黄顶菊是否发生。在潜在发生区监测到黄顶菊发生后，应立即全面调查其发生情况并按照发生区监测的方法开展监测。

三、监测方法

（一）样方法

在监测点选取1 ～ 3个黄顶菊发生的典型生境设

置样地，在每个样地内选取20个以上的样方，样方面积应不小于1 m^2，样方法调查黄顶菊见图5-5。对样方内的所有植物种类、数量及盖度进行调查，调查的结果按表5-5的要求记录和整理，并将结果进行汇总，记录于表5-6中。

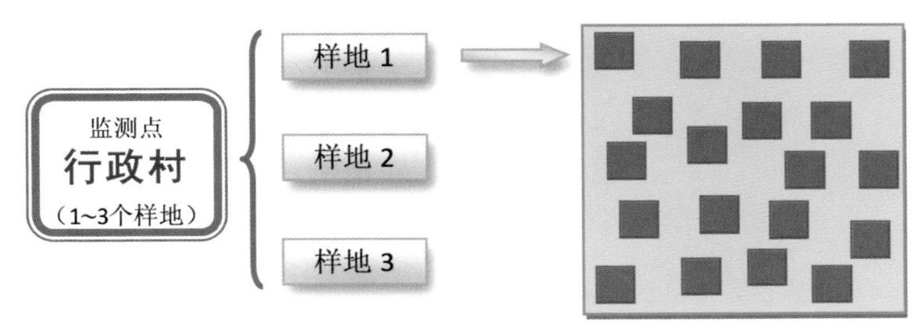

图5-5　样方法调查黄顶菊示意图

表5-5　采用样方法调查黄顶菊及其伴生植物群落调查记录表

基本信息
调查日期：________表格编号[a]：__________样方数量：________ 样地大小：________（m^2）
监测点位置：________省（自治区、直辖市）________市（州、盟） 县（市、区、旗）________乡（镇）/街道________村
调查样地位置：________经纬度：________调查样地生境类型：____
调查人：______工作单位：______________职务/职称：______
联系方式：固定电话_______移动电话________电子邮件________

（续）

调查内容	
样方序号	调查结果
1	植物名称Ⅰ[株数]，盖度（%）[b]；植物名称Ⅱ[株数]，盖度（%）……
2	
3	
…	

[a] 表格编号以监测点编号+调查样地编号+监测年份后两位+3组成。划定调查样地时，自行确定调查样地编号。

[b] 样方内某种植物所有植株的冠层投影面积占该样方面积的比例。通过估算获得。

表5-6 样方法黄顶菊种群调查结果汇总表

基本信息

汇总日期：________________表格编号[a]：________________

样方数量：________________样地大小：________________（m^2）

调查人：________工作单位：____________________职务/职称：________

联系方式：固定电话________移动电话__________电子邮件__________

调查内容				
序号	植物种类名称[b]	株数	出现的样方数	样地平均盖度（%）
1				
2				
…				

[a] 表格编号以监测点编号+监测年份后两位+调查样地编号+99+4组成。

[b] 除列出植物的中文名或当地俗名外，还应列出植物的学名。

（二）样线法

在监测点选取1～3个黄顶菊发生的典型生境设置样地，随机选取1条或2条样线，每条样线选50个等距的样点，样线法取样示意图见图5-6。常见生境中样线的选取方案见表5-7。样点确定后，将取样签垂直于样点所处地面插入地表，插入点半径5 cm内的植物即为该样点的样本植物，按表5-8的要求记录和整理，并将调查结果进行汇总，记录于表5-9。

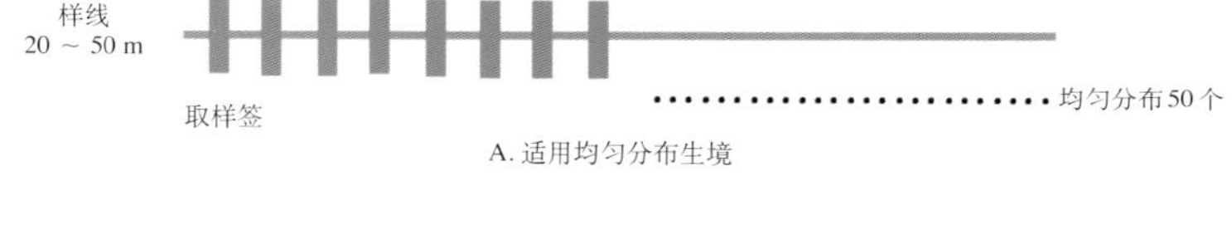

A. 适用均匀分布生境

B. 适用非均匀分布生境

图5-6　样线法取样示意图

表5-7　样线法中不同生境中的样线选取方案

单位：m

生境类型	样线选取方法	样线长度	点距
菜地	对角线	20～50	0.4～1
果园	对角线	50～100	1～2
玉米田	对角线	50～100	1～2
棉田	对角线	50～100	1～2
小麦田	对角线	50～100	1～2

（续）

生境类型	样线选取方法	样线长度	点距
大豆田	对角线	20～50	0.4～1
花生田	对角线	20～50	0.4～1
其他作物田	对角线	20～50	0.4～1
撂荒地	对角线	20～50	0.4～1
江河沟渠沿岸	沿两岸各取一条（可为曲线）	50～100	1～2
干涸沟渠内	沿内部取一条（可为曲线）	50～100	1～2
铁路、公路两侧	沿两侧各取一条（可为曲线）	50～100	1～2
天然/人工林地、城镇绿地、生活区、山坡以及其他生境	对角线；取对角线不便或无法实现时，可使用S形、V形、N形、W形曲线	20～100	0.4～2

表5-8 样线法黄顶菊种群调查记录表

基本信息									
调查日期：___表格编号[a]：___样地编号：___样地大小：___（m^2） 监测点位置：___省（自治区、直辖市）___市（州、盟） 县（市、区、旗）___乡（镇）/街道___村 调查样地位置：___经纬度：___样地生境类型：___ 调查人：___工作单位：___职务/职称：___ 联系方式：固定电话___移动电话___电子邮件___									
调查内容									
样点序号[b]	植物名称（Ⅰ）	株数	植物名称（Ⅱ）	株数	植物名称（Ⅲ）	株数	植物名称（Ⅳ）	株数	……
1									
2									
3									
…									

[a] 表格编号以监测点编号+生境类型序号+监测年份后两位+5组成。生境类型序号按调查的顺序编排，此后的调查中，生境类型序号与第一次调查时保持一致。

[b] 选取2条样线的，所有样点依次排序，记录于本表。

表5-9　样线法黄顶菊所在植物群落调查结果汇总表

基本信息			
汇总日期：________生境类型：____________表格编号[a]：__________ 监测点位置：______省（自治区、直辖市）_____市（州、盟）_____县（市、区、旗）__________乡（镇）/街道__________村 汇总人：______工作单位：________________职务/职称：________ 联系方式：固定电话________移动电话________电子邮件__________			
调查内容			
序号	植物名称	株数	频度[b]
1			
2			
3			
…			
[a] 表格编号以监测点编号+生境类型序号+监测年份后两位+6组成。 [b] 存在某种植物的样点占总样点的比例。			

科研工作人员进行黄顶菊调查（图5-7）。

图5-7 科研工作人员在样地对黄顶菊进行调查
（①②张瑞海摄，③张国良摄，④刘玉升提供）

（三）土壤种子库调查法

在黄顶菊监测过程中，也可采用土壤种子库调查方法。在所确定的样地中，随机选取1 m×1 m的样方，在样方内再取面积为10 cm×10 cm的小样方。

分层取样，取样深度依次为0～2 cm（上层）、2～5 cm（中层）、5～10 cm（下层），土壤种子库取样见图5-8。将取回的土样把凋落物、根、石头等杂物筛掉，然后将土样均匀地平铺于萌发用的花盆里并浇水，定期观测土壤中黄顶菊种子萌发情况，对已萌发出的幼苗计数后清除。如连续两周没有种子萌发，再将土样搅拌混合，继续观察，直到连续两周不再有种子萌发后结束，监测的结果按表5-10的要求记录和整理。

图5-8　监测点样地黄顶菊种子库土壤取样（付卫东摄）

表5-10　黄顶菊种子库检测结果汇总表

基本信息					
监测日期：____取样点位置：________经纬度：______表格编号[a]：____					
取样小区位置：________________取样小区生境类型：____________					
调查人：_______工作单位：________________职务/职称：________					
联系方式：固定电话_______移动电话__________电子邮件__________					
调查内容					
样方	取样深度（cm）			合计	种子库（粒/m^2）
	0～2	2～5	5～10		
1					
2					
3					
…					

[a] 表格编号以生境编号+取样样方编号+取样年份后两位+7组成。划定取样样方时，自行确定样方编号。

四、危害等级划分

根据黄顶菊的盖度（样方法）或频度（样线法），将黄顶菊危害分为3个等级：

1级：轻度发生，盖度或频度＜5%。

2级：中度发生，盖度或频度5%～20%。

3级：重度发生，盖度或频度＞20%。

五、发生面积调查方法

采用踏查结合走访调查的方法，调查各监测点（行政村）中黄顶菊的发生面积与经济损失，根据所有监测点面积之和占整个监测区面积的比例，推算黄顶菊在监测区的发生面积与经济损失。

对发生在农田、果园、林地、荒地、绿地、生活区等具有明显边界的生境内的黄顶菊，其发生面积以相应地块的面积累计计算，或划定包含所有发生点的区域，以整个区域的面积进行计算；对发生在河堤、河滩、道路、铁路、公路沿线等没有明显边界的黄顶菊，持GPS定位仪沿其分布边缘走完一个闭合轨迹后，将GPS定位仪计算出的面积作为其发生面积。其中，铁路路基、公路路面的面积也计入其发生面积。对发生地地理环境复杂（如山高坡陡、沟壑纵横）、人力不便或无法实地踏查或使用GPS定位仪计算面积（图5-9)，也可使用无人机航拍法、目测法，通过咨询当地国土资源部门（测绘部门）获取其发生面积。

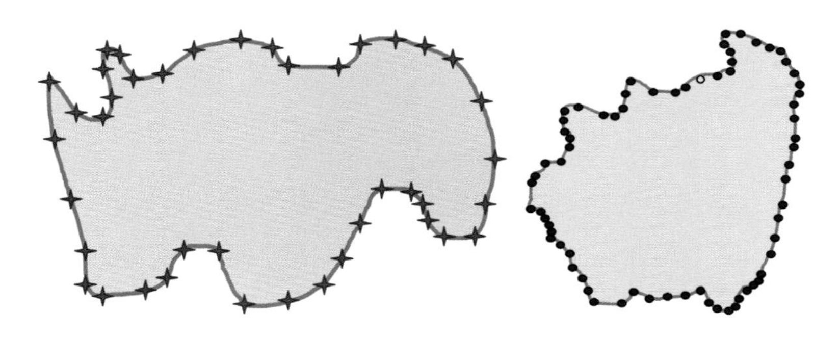

图5-9 利用GPS定位仪测定黄顶菊发生面积示意图

调查的结果按表5-11的要求记录。

表5-11　黄顶菊监测样点发生面积记录表

基本信息							
调查日期：________经纬度：__________表格编号[a]：____________							
监测点位置：___省（自治区、直辖市）____市（州、盟）_______县（市、区、旗）___________乡（镇）/街道___________村							
调查人：______工作单位：______________职务/职称：_________							
联系方式：固定电话_______移动电话_________电子邮件________							
调查内容							
发生生境类型	发生面积（hm^2）	危害对象	危害方式	危害程度	防治面积（hm^2）	防治成本（元）	经济损失（元）
…							
合计							
[a] 表格编号以监测点编号+监测年份后两位+年内调查的次序号（第*n*次调查）+8组成。							

六、样本采集与寄送

在调查中如发现疑似黄顶菊，采集疑似植株，并尽量挖出其所有根部组织，用75%酒精浸泡或晒干，标明采集时间、采集地点及采集人。将每点采集的黄顶菊集中于一个标本瓶中或标本夹中，送外来入侵生物管理部门指定的专家进行鉴定。

七、调查人员的要求

要求调查人员为经过培训的农业技术人员，掌握黄顶菊的形态学与生物学特性、危害症状以及黄顶菊的调查监测方法和手段等。

八、结果处理

调查监测中，一旦发现黄顶菊或疑似黄顶菊植物，需严格实行报告制度，必须于24 h内逐级上报，定期逐级向上级政府和有关部门报告有关调查监测情况。

第六章 黄顶菊综合防控技术

坚持“预防为主，综合防治”的植保方针，建立完善的黄顶菊防治体系。采取群防群治与统防统治相结合绿色防控措施，根据黄顶菊发生的危害程度及生境类型，按照分区施策、分类治理的策略，综合利用检疫、农业、物理、化学和生态控制措施控制黄顶菊的发生危害。

第一节 检疫监测技术

加强检疫是控制黄顶菊跨区传播扩散的重要手段，应当结合区域经济发展状况，切实加强口岸检疫、产地检疫和调运检疫。加强对从黄顶菊疫区种子和种畜调运、农产品和畜产品与农机具检疫，不让黄顶菊的种子传入无黄顶菊地区，尤其在引种及种子调运时，严格检疫，杜绝黄顶菊种子的传入。具体的检疫、鉴定和处理方法详见第四章有关内容。同时，发挥检疫机构在普及和宣传外来入侵生物知识方面的重要作用，提高公众防范黄顶菊的意识，引导公众自觉加入黄顶菊防控工作中来。

实施监测预警是提前掌握黄顶菊入侵动态的关键措施，有利于及时将黄顶菊消灭于萌芽状态。建立合理的野外监测点和调查取样方法，对目标区域的黄顶菊发生情况进行汇总分析。同时，进行疫情监测，重点调查铁路、车站、公路沿线、农田、果园等场所，根据该植物的形态特征进行鉴别。一经发现，应严格执行逐级上报制度，并立即采取相应的应急控制措施，以防止其进一步扩散蔓延，具体调查与监测技术详见第五章有关内容。此外，还应根据黄顶菊的生物学和生态学特性等因素，开展风险评估和适生性分析，形成完善的监测预警技术体系，从而为黄顶菊发生危害和传播扩散趋势的判定提供科学依据。

第二节 农业防治技术

农业防治是利用农田耕作、栽培技术、田间管理措施等控制和减少农田土壤中黄顶菊的种子库基数，抑制黄顶菊种子萌发和幼苗生长、减轻危害、降低对农作物产量和质量损失的防治策略。农业防治是黄顶菊防除中重要的一环。其优点是对作物和对环境安全，不会造成任何污染，成本低、易掌握、可操作性强。

农业防治方法包括深耕翻土除草、栽培管理措施、刈割、中耕除草、清除集中处理等措施。

1. 深耕翻土除草　深耕是防除黄顶菊的有效措施之一。黄顶菊种子是光敏型种子，在大于3 cm的深层土壤中不能萌发（张风娟等，2009）。在华北地区，黄顶菊种子4月上旬开始萌发，在早春土解冻后对农田和果园进行深耕（深度20 cm），可以将黄顶菊种子翻埋到深层土壤中，减少出苗数量（图6-1）。

图6-1　早春对土地深耕

2. 栽培管理措施　通过密实覆盖、增肥栽培管理措施，提高农田作物植被覆盖度和竞争力，可有效控制黄顶菊的生长和危害。

在黄顶菊入侵的农田、果园生境中，春季黄顶菊出苗前，用植物秸秆密实覆盖或覆盖黑色地膜遮光，可降低黄顶菊种子出苗（图6-2）。

图6-2　用秸秆覆盖地表防治黄顶菊（李香菊提供）

在玉米田增施氮肥会加剧外来植物的入侵风险(田佳源等，2018)，但黄顶菊对铵态氮肥响应敏感（王楠楠，2012）。所以，在黄顶菊入侵的农田生态系统中，可以避免大量铵态氮肥的施用而选择其他形态氮肥。

3. 刈割　刈割是防控黄顶菊的有效农艺措施。分别在黄顶菊营养生长期、黄顶菊营养生长旺盛期、黄顶菊现蕾期对黄顶菊进行3次刈割，可使黄顶菊总生物量、根生物量、茎生物量、叶生物量分别较对照下降82.57%、44.53%、80.04%、91.76%；植株的高度和花序数随刈割次数的增加显著降低，其中刈割3次的花序数为0。所以，刈割3次处理黄顶菊的各项生长和生理指标所受影响最大，对黄顶菊植株的再生和开花结实抑制效果最为理想（王楠楠，2012）。

4. 中耕除草　中耕除草技术简单、针对性强，除草干净彻底，又可促进作物生长。选择在黄顶菊出苗高峰期进行中耕除草，可有效地抑制其扩散蔓延。通过野外调查发现，在河北省中南部，黄顶菊春季出苗从4月初开始，直到6月上旬均有新苗出土，出苗情况与降雨密切相关。

5. 清除枯枝集中处理　在农田周边、果园周边、路旁、荒地、废旧厂房、生活区等都是黄顶菊容易生长的地方，要适时对黄顶菊枯枝进行清理，减少土壤中黄顶菊种子库数量。并对黄顶菊的植株进行集中焚烧或深埋处置（图6-3）。

图6-3　清除和焚烧收集到的黄顶菊枯枝（付卫东摄）

第三节　物理防治技术

黄顶菊的物理防治是指人工拔除或机械刈割黄顶菊植株，从而使黄顶菊得到防治。物理防治的方法有人工拔除、刈割和机械除草等。

1.物理防治的最佳时期　对于点状发生、面积小、密度小的生境，采用人工直接拔除，最佳时间为黄顶菊生长初期，在根系未大面积下扎之前，一般4～5叶期前拔除；对于成片状、成带状、面积大、密度大的生境地，可在黄顶菊花期前进行机械防除，此时最为安全有效。如果到黄顶菊开花后期，已经有少许种子形成，此时进行人工拔除和机械防除，黄顶菊种子有随人或防除机械向外扩散、传播的风险。

2.物理防治措施　在黄顶菊开花前，根据黄顶菊发生的生境类型、面积大小，采用不同的防除方式。在黄顶菊发生面积比较大的连片区域，且机械能进入的生境，采用机械防除；在发生面积小、密度小的区域，且机械又不能进入的生境，采用人工拔除（图6-4）。

图6-4　人工防除黄顶菊（①②王忠辉摄，③④付卫东摄）

第四节 化学防治技术

化学防治就是利用化学药剂本身的特性，即对作物和黄顶菊的不同选择性，达到保护作物而杀死黄顶菊的防除方法。

一、黄顶菊不同生长时期的控制措施

（一）黄顶菊苗前的处理

对黄顶菊生长的土壤进行处理，从而达到提前防治的效果。对玉米田、大豆田、花生田等生境，在黄顶菊种子萌发前，可选用唑嘧磺草胺、乙草胺、异丙甲草胺等土壤处理剂兑水喷雾于土壤表层或采用毒土法伴入土壤中，建立起一个除草剂的封闭层，从而杀死或抑制黄顶菊种子萌发。土壤处理原则上采取一次性施用除草剂。

（二）黄顶菊幼苗期的处理

黄顶菊出苗后，在4对叶之前，可选用苄嘧磺隆、烟嘧磺隆、硝磺草酮、硝磺草酮+莠去津、乙羧氟草醚、氨氯吡啶酸等茎叶处理除草剂兑水喷雾于幼苗。

（三）黄顶菊生长旺盛期的处理

在黄顶菊生长旺盛期，可选用草甘膦、氨氯吡啶酸等灭生性除草剂兑水定向喷雾于植株茎叶。

二、不同生境类型入侵区的控制措施

对不同生境类型中的黄顶菊开展化学防治时，应提前详细了解该生境中的敏感植物和作物情况，合理确定除草剂的种类、用量、防治时期或施药方式等（图6-5）。针对有机农产品和绿色食品产地实施黄顶菊防治，应遵循有机农产品和绿色食品生产的相关标准，不得使用除草剂的应采用物理防治的方法进行控制。

图6-5　对黄顶菊进行化学防治（①付卫东摄，②王保廷提供）

不同生境类型区的化学控制措施见表6-1。

表6-1 不同生境类型区黄顶菊的化学防治药剂选择及施用方法

生境	药剂	用量有效成分（g/hm²）	加水（L/hm²）	处理时间	喷施方式
小麦田	苄嘧磺隆	15～30	450	苗后	茎叶处理
	2,4-D丁酯	33～54	450	苗后	茎叶处理
	麦草畏	108～144	450	苗后	茎叶处理
玉米田	烟嘧磺隆	30～60	450	苗后	茎叶处理
	硝磺草酮	75～150	450	苗后	茎叶处理
	硝磺草酮+莠去津	（75～150）+285	450	苗后	茎叶处理
	唑嘧磺草胺	38～48	450/750	播后苗前/苗后	土壤/茎叶处理
大豆田	乙羧氟草醚	45～60	450	苗后	茎叶处理
	乳氟禾草灵	108	450	苗后	茎叶处理
	灭草松	720～1 080	450	苗后	茎叶处理
	乙草胺	1 500～1 875	750	播后苗前	土壤处理
	异丙甲草胺	2 100～2 700	750	播后苗前	土壤处理
花生田	乙草胺	1 500～1 875	750	播后苗前	土壤处理
	异丙甲草胺	2 100～2 700	750	播后苗前	土壤处理
棉田	乙草胺	1 500～1 875	750	播后苗前	土壤处理
	异丙甲草胺	2 100～2 700	750	播后苗前	土壤处理
	嘧草硫醚	90～135	450	苗后定向	茎叶处理
绿豆田芝麻田	异丙甲草胺	2 100～2 700	750	播后苗前	土壤处理
荒地	氨氯吡啶酸	54～504	450	苗后	茎叶处理
	三氯吡氧乙酸	400	450	苗后	茎叶处理
	硝磺草酮	75～150	450	苗后	茎叶处理

（续）

生境	药剂	用量有效成分（g/hm²）	加水（L/hm²）	处理时间	喷施方式
荒地	乙羧氟草醚	30～60	450	苗后	茎叶处理
	草甘膦	615～1 230	450	苗后	茎叶处理
林地果园	草甘膦	615～1 230	450	苗后	茎叶处理
	硝磺草酮	75-150	450	茎叶处理	茎叶处理
	乙羧氟草醚	30～60	450	苗后	茎叶处理
沟渠河坡	草甘膦	615～1 230	450	苗后	茎叶处理
	乙羧氟草醚	30～60	450	苗后	茎叶处理
路边	草甘膦	615～1 230	450	苗后	茎叶处理
	氨氯吡啶酸	54～504	450	苗后	茎叶处理
	苄嘧磺草胺	18～145	450	苗后	茎叶处理

三、注意事项

1.选择好对黄顶菊的最佳防治时期。

2.对黄顶菊进行防治时，应选择晴朗天气进行，如施药后6 h下雨，应补喷一次。

3.草甘膦为灭生性除草剂，注意不能喷施到农作物上，以免造成药害。

4.在对沟渠边或水源地边的黄顶菊进行化学防除时，应防止污染水源，避免影响水质。

5.在使用苗前土壤处理除草剂应适当减量，防治出现药害。

6.在施药区应插上明显的警示牌，避免造成人、畜中毒或其他意外。

7.田间应用时，应避免一个生长剂连续多次使用同种药剂，建议不同种除草剂轮换使用，保持黄顶菊对除草剂的敏感性，延缓抗药性的产生和发展。

黄顶菊综合防控示范区及警示牌见图6-6。

图6-6 黄顶菊综合防控示范区及警示牌
（①②吴鸿斌提供，③王保廷提供）

第五节 生态控制技术

黄顶菊在幼苗期生长较快，此时若有其他植物与之竞争环境资源，将大大削弱其生长势，减轻其危害。若生境中缺少制约因素，黄顶菊将增加分枝数，结实量增加，可能导致其大面积蔓延危害。因此，在保护生态环境的基础上，利用本土植物替代控制黄顶菊也是生态治理黄顶菊的主要方式之一（图6-7）。

图6-7 在黄顶菊入侵地种植替代植物（付卫东摄）

张国良、付卫东等通过筛选，发明了向日葵和多年生黑麦草组合（2009）、向日葵和紫花苜蓿组合（2009）、紫花苜蓿（2009）、籽粒苋、紫穗槐（2010）、沙打旺（2010）等多种替代植物替代外来入侵植物黄顶菊的方法。张瑞海等（2010）根据黄顶菊生长的不同生境以及各替代植物的生长特性，利用多种组合进行田间试验，最终筛选出5个能够抑制黄顶菊生长的植物（组合）：紫花苜蓿、籽粒苋、向日葵+黑麦草、向日葵+高羊茅、向日葵+紫花苜蓿；并根据黄顶菊与替代植物生物学特性，筛选了3个潜力植物：沙打旺、胡枝子、紫穗槐。通过对紫穗槐、沙打旺两对替代植物进行替代控制的黄顶菊植株的密度展开调查，紫穗槐处理区中的黄顶菊密度由第一年的18.5株/m^2降到第二年的9.1株/m^2，下降50.8%，与对照相比差异极显著（P=0.003）；沙打旺处理区中的黄顶菊密度由第一年的17.2株/m^2下降到第二年的0株/m^2。在替代控制后期，紫穗槐、沙打旺覆盖度大，与黄顶菊竞争光照、水分和养分，挤占了黄顶菊的资源生态位，使黄顶菊的生长及繁殖受到显著的限制（图6-8）（张瑞海等，2016）。

杨殿林（2010）公开了一种通过生态替代控制黄顶菊入侵的方法，在黄顶菊易入侵的生态系统中，种

图6-8　黄顶菊替代小区试验（张瑞海摄）

植高丹草或混种高丹草和鸭茅，可以控制黄顶菊入侵。皇甫超河（2010）在田间条件下，采用高丹草、紫花苜蓿和欧洲菊苣3种一年生牧草替代黄顶菊竞争试验，随着3种牧草替代比例的增加，其盖度也逐渐上升，均对黄顶菊表现不同程度的抑制。其中，高丹草出苗较黄顶菊更早，且具有更强的遮阳能力，在各混种替代组合中完全抑制了黄顶菊生长，抑制率达100%。所以，在黄顶菊已入侵和易于入侵的生境建立牧草替代种群是进行生态重建和保持当地生物多样性的有效手段。闫素丽等（2011）通过比较高丹草、向日葵、紫花苜蓿和多年生黑麦草4种替代植物与黄顶菊混合种植后不同时期的土壤细菌多样性的变化，表明黄顶菊入侵降低了土壤细菌群落多样性，但4种替代植物与黄顶菊混种后，又可提高土壤细菌群落多样性。姜娜等（2012）选用高丹草、沙打旺2种牧草对入侵植物黄顶菊进行生物替代，高丹草、沙打旺两种牧草能抑制黄顶菊的生物量积累与繁殖，影响其光合生产力，具有较好的防控效果。郑翔（2012）从黄顶菊种群共存植物中筛选替代植物。研究表明，小飞蓬、紫斑大戟、狗尾草3种植物的根、茎、叶高浓度水提液对黄顶菊的种子萌发都有抑制作用，小飞蓬、紫斑大戟叶的提取液对黄顶菊种子萌发的抑制作用最强，而狗尾草根部水提液对黄顶菊种子萌发的抑制作用最强，说明狗尾草适合作为黄顶菊的替代植物。张风娟等（2018）发明了一种控制黄顶菊外来入侵的生物替代方法，在黄顶菊入侵或易入侵的生态土壤中采用条播的播种方式种植波斯菊，进而抑制黄顶菊的生长发育。

一、替代植物与种植方法

替代植物筛选应遵循的原则包括：优先选用本地多年生植物；生长迅速，生物量大，覆盖性好，竞争性强；抗逆性强，具耐受化感作用；经济性好，具可持续性。

根据替代植物的筛选原则，筛选了紫花苜蓿、向日葵、高丹草、黑麦草、菊芋、沙打旺、紫穗槐等本地植物替代控制农田、果园、路边、荒地等生态系统中的黄顶菊。这些本地植物萌发早，生长迅速，能在短期内形成较高的郁闭度，与黄顶菊争夺光照与养分，抑制黄顶菊的生长，多年控制更为效果显著。具体替代植物种植方法、适用生境类型见表6-2。

表6-2　替代植物的种植方法

替代植物	拉丁名	种植方法	适用生境
紫穗槐	*Amorpha fruticosa* L.	行株距50 cm × 50 cm，幼苗移栽	路边、荒地
荆条	*Vites negundo* L.	行株距50 cm × 50 cm，幼苗移栽	路边、荒地
鸭茅	*Dactylis glomerata* L.	行距30～40 cm，播深1～2 cm，播种量为22.5～30 kg/hm^2	果园、荒地
紫花苜蓿	*Medicago sativa* L.	翻耕，行距为30～35 cm，条播，播深为1～3 cm，播种量22.5～30 kg/hm^2，播种后覆土1～2 cm	农田、果园、荒地
小冠花	*Coronilla varial* L.	行距20 cm，条播（种皮磨破），播种量160～200 kg/hm^2，播种后覆土1 cm	路边
向日葵	*Helianthus annuus* L.	行株距为50 cm × 50 cm，点播，每穴2～3粒饱满种子，播深8～10 cm	农田、荒地
菊芋	*Helianthus tuberosus* L	翻耕后起垄，块茎穴播于垄上，行株距为（40～60）cm ×（10～20）cm，播深10～15 cm，播种量为450～750 g/ hm^2	荒滩、荒地、路边

（续）

替代植物	拉丁名	种植方法	适用生境
沙打旺	*Astragalus adsurgens* Pall	行距40～60 cm，条播，播种量为22.5～30 kg/ hm^2，覆土1～2 cm	荒滩、荒地
柳枝稷	*Panicum virgatum* L.	行株距50 cm × 33 cm，幼苗移栽	荒滩、荒地
高丹草	*Sorghum hybrid sudanense*	行距40～50 cm，条播，播种量为22.5～45 kg/ hm^2，播深1.5～5 cm	荒地、草地、农田
高羊茅	*Festuca arumdinacea* Schreb	均匀撒种，播种量200～300 kg/ hm^2	荒地、草地、果园
黑麦草	*Lolium perenne* L.	行距20 cm，条播，播种量15～25 kg/ hm^2，覆土1～2 cm	荒地、草地、果园
波斯菊	*Cosmos bipinnata* Cav.	均匀撒种，播种量75～100 kg/hm^2	荒滩、荒地、路边
籽粒苋	*Amaranthus hypochondriacus* L.	条播，行距50～60 cm，播种量6～8 kg/ hm^2，覆土1～2 cm	荒滩、荒地、路边

二、黄顶菊替代控制技术示范

黄顶菊综合试验区位于河北省沧州市献县陌南镇，于2009年建立，试验区占地约65亩，其中生物替代控制试验区占地约25亩，化学控制试验区占地约40亩，综合试验区整体规划与建设见图6-9。生物替代控制试验区根据不同植物的生长特性，利用植物种间竞争或互利的特性以及室内试验结果，筛选了牧草、小灌木、农作物等31种植物。根据黄顶菊生长的不同生境与不同植物的生物学特性差异进行合理组合，并设置不同的替代植物密度梯度及不同施肥处理，设置了44个区组。定期测量黄顶菊与替代植物的各项生理与生态指标，从中筛选出对黄顶菊具有良好生态控制效果的植物及植物组合，最终达到控制黄顶菊蔓延危害的目的。

①

②

③

图6-9 献县黄顶菊综合试验区建设
(①韩颖提供，②③④张国良摄)

黄顶菊综合试验区替代控制防治效果见图6-10。

图6-10　黄顶菊综合试验区替代控制防治效果
(①③④⑦⑨⑩张国良摄，②⑤⑥⑧张瑞海摄)

三、黄顶菊综合治理现场交流会

2009年8月10日，农业部外来物种管理办公室在河北省沧州市献县召开了外来入侵生物黄顶菊综合防治技术现场交流会。来自黄顶菊发生区的农业环保机构的代表、科研院所和高校的专家共200余人参加。与会人员就黄顶菊入侵扩散和种群灾变机制、早期监测预警、综合防控技术等方面进行了交流，并参观了黄顶菊综合防控试验区（图6-11）。

图6-11　黄顶菊综合防治技术现场交流会
（①韩颖摄，②③④王忠辉摄）

第六节 资源化利用

一、生物农药

1. 杀虫剂 研究证明，黄顶菊植株中含有噻吩类化合物。Agnese等（1999）从黄顶菊地上部分和根中分离出两种噻吩衍生物，α-三噻吩和5-（3-丁烯-1-炔基）2，2'-联二噻吩。其中，α-三噻吩是一种典型的光活化毒素，对白纹伊蚊幼虫具有强杀虫活性。对敏感品系幼虫的LC_{50}为5.34μg/L，对溴氰菊酯抗性品系幼虫的LC_{50}为9. 09μg/L。对于常规农药产生抗性的蚊幼虫，是一种高效、实用的杀虫剂（张玲敏等，2005）。

1999年，阿根廷科学家研究发现，浓度为5%的黄顶菊甲醇萃取物对米象具有显著的杀灭活性，其致死率超过60%，并认为黄顶菊可作为潜在的杀虫剂来源材料（Broussalis et al.，1999）。而在印度，黄顶菊一直被当地人用作杀虫植物（Ricciardi et al.，1986）。

黄顶菊提取物对菜蚜、玉米蚜有明显的拒食和毒杀效果，处理72 h后拒食率和校正死亡率均在50%以上；其中，对菜蚜的触杀活性较强，对3龄欧洲玉米螟引起的死亡率为28.79%（周文杰，2010）。

彭军等（2013）研究黄顶菊对棉铃虫及斜纹夜蛾

的生物活性，结果表明：①用喷雾法、浸叶法测试了黄顶菊水提液对斜纹夜蛾的触杀活性，喷雾处理72 h后斜纹夜蛾存活率仅为54.17%，浸叶处理24 h、48 h存活率均明显低于对照。②混拌饲料饲喂试验表明，黄顶菊各组织1 ：6混拌饲料，花混拌处理胃毒作用稍强；叶、花混拌均明显抑制棉铃虫生长。花混拌饲喂斜纹夜蛾，发育为4龄幼虫的比例仅为13.33%，叶混拌饲喂影响不明显；花、茎混拌对斜纹夜蛾幼虫虫体质量抑制率分别为57.26%和10.07%，叶混拌的影响不明显；花、叶对斜纹夜蛾雄、雌蛹质量抑制率分别为12.14%和19.73%，羽化率下降64.0%～72.0%。此外，黄顶菊叶、花混拌饲料可使斜纹夜蛾化蛹高峰期分别推迟3 d和10 d左右，茎混拌雄、雌蛹羽化时间分别推迟5 d和3 d，叶、花混拌推迟2～3 d。

王月娟（2015）研究认为，黄顶菊提取物能抑制棉铃虫幼虫取食，抑制幼虫体重增长和肠道内幼虫肠道内的淀粉酶、脂肪酶和总蛋白酶3种消化酶的活性，降低羽化率和化蛹率；黄顶菊体内的α-三噻吩对棉铃虫幼虫有拒食活性和抑制幼虫体重增长、延长幼虫发育天数、减轻蛹重、降低羽化率以及化蛹率的活性。

此外，利用黄顶菊干粉可制作蚊香助燃剂，添加此助燃剂的蚊香的发烟量、抗折力及燃烧时间等各项指标与普通市售蚊香相差无异，而且在杀虫效果方面还具有明显的增效性（图6-12）。

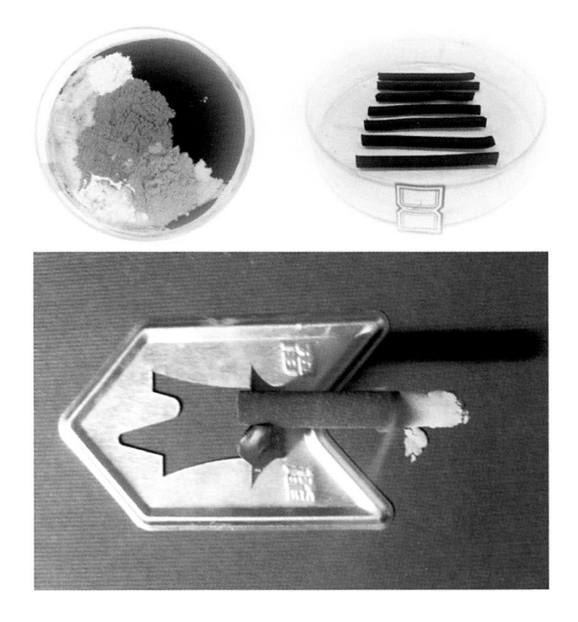

图6-12 添加黄顶菊干粉助燃剂的蚊香（付卫东摄）

2.除草剂 张金林等（2007）用有机溶剂对黄顶菊根、茎、叶、花、种子粉碎物进行浸泡提取，提取液经浓缩得到黄顶菊提取物，将黄顶菊提取物再用二甲苯溶解，加入农药助剂配制成黄顶菊提取物除草剂乳油。该除草剂乳油对马唐、反枝苋、稗草、藜等杂草具有较好的防治效果。张建中（2013）利用黄顶菊、飞机草、银胶菊、无患子外种皮、纳米缓释载体作为原料，制备植物源纳米缓释油悬浮剂，可用于播后苗前土壤处理，防除农田杂草并且有广谱的杀菌特性，具有除草效果好、对环境安全、杂草不易产生抗药性等特点。

杜继林（2012）对黄顶菊中挥发油成分进行了研究，黄顶菊挥发油主要成分是烯类（48.11%）、噻吩类（13.98%）和酮类（7.23%）化合物，另外含有少量酯类、醇类和酸类物质等。通过对黄顶菊挥发油样品生物活性除草测试，实验结果表明，挥发油对反枝苋表现出较高的除草活性，对苘麻、稗草、马唐和狗尾草等杂草表现出中等除草活性，而对芥菜的除草活性较弱。

二、药效学研究

黄顶菊是目前已知的合成槲皮素衍生物中硫酸化程度最高的植物，其叶片主要成分3-乙酰-7，3’，4’-三硫酸槲皮素（ATS）和硫酸化达到饱和的3，7，3’，4’-四硫酸槲皮素（QTS）等类黄酮物质已成为该植物的特异性特征（Agrawal et al.，1989；Pereyrade et al.,1972；Cabrera et al.,1976 ）。Guglielmone等（2002、2005）研究表明，ATS和QTS具有重要的抗凝血、抗血小板聚集等药理作用，其中QTS抗凝血活性更强，是凝血酶的有效抑制剂；同时，与目前临床上常用的血小板聚集抑制剂相比，QTS又表现出了相当强的抗血小板聚集效应。QTS作为天然黄酮类化合物，其水溶性高、毒副作用小且疗效好。因此，黄顶菊是可用于提取天然生物活性成分的理想植物。

Bardon等（2007）发现，黄顶菊叶和花的氯仿萃取物对金黄色葡萄球菌的培养菌株和临床分离菌株均表现出中等强度的抗菌活性，抑菌圈在10 mm以上。其甲醇萃取物对嗜酸乳杆菌的抑菌圈也达到了10 mm。Ferraro等（1992）在对阿根廷和巴拉圭的30多种菊科植物进行药用筛选时，发现黄顶菊具有抗病毒活性。

三、染料

黄顶菊（干或新鲜）植物可以作为制作染料的原料。含有黄顶菊单一原料可提取制作黄色染料，或黄顶菊与蓼蓝以（1 ： 10）～（10 ： 1）不同比例混合作不同绿色染料，或黄顶菊与茜草以（1 ： 10）～（10 ： 1）不同比例混合物用作不同的橙色、红色和紫色染料。可用于棉、丝、麻、毛、各类纤维（包括化学纤维、棉纤维、蛋白纤维、植物纤维）染色的用途。同时，提取完后的残渣燃烧用于染色过程中的热源，灰烬用于助染剂（图6-13）。

图6-13 黄顶菊作为染料原料制作染色剂染色棉、丝、麻、毛和各类纤维（付卫东摄）

四、制备建材板

在杨木刨花中按比例添加黄顶菊秸秆，可制备刨花板。制板的较优工艺参数为热压温度120℃、热压压力4 MPa、时间5 min、密度0.7 g/cm^3、施胶量10%、杨木刨花与黄顶菊秸秆比5 ∶ 5，此条件下制备的复合板各项指标均能达到《刨花板　第2部分：在干燥状态下使用的普通用板要求》(GB /T 4897. 2—2003）的要求（魏立婷，2017)。郑辉（2018）提供一种利用黄顶菊秸秆和桦木刨花制造环保型家装建材板的方法，制备的家装建材板各项性能优良、绿色环保，可以被投入市场广泛应用。

五、家禽和昆虫饲料

黄顶菊粗蛋白的含量为15%；氨基酸种类齐全，达18种之多；蛋白质含量较高，高于人们日常所食用的一些水果，与肉制品和茶叶中的蛋白质含量相近；脂肪与纤维含量也比较高；微量元素含量较为丰富。因此，可将黄顶菊植物粉碎作为动物饲料的原料。利用黄顶菊为原料制作的鸡饲料，饲喂此饲料能够提高饲料转化率1.5%～6.1%，能够降低鸡肉脂肪含量4.8%～25.0%，增加蛋白质含量9.5%～19.4%，增加氨基酸总量1.7%～4.3%，提高了鸡肉营养价值，并使鸡肉口感嫩度更好；能够提高鸡蛋的营养价值，增加粗蛋白质含量3.3%～10%，增加游离氨基酸总量2.5%～7.8%，增加卵磷脂4.0%～11.5%。

刘宁等（2012）研究了黄粉虫饲喂黄顶菊后对其生长发育及繁殖的影响。结果显示，黄粉虫幼虫饲料中添加一定比例的黄顶菊与添加小白菜相比，虫体生物量增长率较低，饲料利用率和死亡率较高；成虫饲料中添加黄顶菊与添加西瓜皮相比，黄粉虫平均寿命延长，单雌产卵量减少，体长略有减小。可见，黄顶菊可用于喂食黄粉虫（图6-14）。

图6-14 利用黄顶菊喂食黄粉虫（刘宁摄）

第七节 不同生境防治技术模式

按照分区施策、分类治理的策略，利用检疫、农业、物理、化学和生态措施控制黄顶菊的发生危害。不同生境中黄顶菊的防治技术有所差别，对于不同生境应采取不同的防治模式。

一、农田

1. 农田内 作物种植前可深翻土壤，减少黄顶菊种子的萌发。

黄顶菊轻度发生时，可采取人工拔除或机械铲除。

黄顶菊中度或重度发生时，根据农田作物种类选择适合的除草剂喷施防除，农田内黄顶菊化学防除药剂的选择及施用方法见表6-1。

玉米田中可采用小麦秸秆覆盖技术，对出苗的黄顶菊辅以化学防除，药剂的施用量可为推荐用量的75%～80%。

2. 田周边　黄顶菊轻度发生时，可采取物理防治。

黄顶菊中度或重度发生时，可在黄顶菊苗期采用草甘膦对靶喷雾。如适合种植替代植物，可根据实际情况选择向日葵、紫花苜蓿、高丹草等，或种植隔离植物，隔离带宽至少60 cm。

二、荒地

在黄顶菊出苗后，可施用氨氯吡啶酸、乙羧氟草醚、三氯吡氧乙酸或硝磺草酮进行防除，既能防治黄顶菊又可保护本地禾本科杂草。

如适合种植替代植物，在黄顶菊苗期，采用草甘膦对靶喷雾。喷药2 d后，适当松土，替代植物可根据实际情况选择紫花苜蓿、小冠花、菊芋等。

三、林地、果园

黄顶菊轻度发生时，可采取物理防治，即人工拔除或机械铲除。

黄顶菊中度或重度发生时，可施用硝磺草酮或乙羧氟草醚防除。施用氨氯吡啶酸，需选择无风天气，并避开杨树等敏感植物，喷药时加防护罩。

适合种植替代植物的地区，可在苗期采用草甘膦对靶喷雾。替代植物可选择紫花苜蓿或其他禾本科牧草。

四、沟渠、河坡

黄顶菊轻度发生时，可采取物理防治，即人工拔除或机械铲除。

黄顶菊中度或重度发生时，可施用氨氯吡啶酸定向喷雾。喷雾时选择无风天气，并加防护罩。

适合种植替代植物的地区，可在苗期采用草甘膦对靶喷雾。喷药2 d后，适当松土，替代植物可选择鸭茅、籽粒苋、柳枝稷等。

如水源用作饮用、养殖或灌溉等，尽量采用物理防治及替代控制，慎用化学防治。

五、路边

黄顶菊轻度发生时，可采取物理防治，即人工拔除或机械铲除。

黄顶菊中度或重度发生时，采用氨氯吡啶酸、氯氟吡氧乙酸或苄嘧磺草胺定向喷雾。喷雾时选择无风天气，并加防护罩。

适合种植替代植物的地区，可在苗期采用草甘膦对靶喷雾。喷药2 d后，适当松土，替代植物可选择紫穗槐、荆条、鸭茅等，单种混播皆可。

附录1 黄顶菊检疫鉴定方法

根据《黄顶菊检疫鉴定方法》（GB/T 29583—2013）改写。

一、范围

本方法规定了黄顶菊［*Flaveria bidentis*（L.）Kuntze］的实验室检测及其形态特征鉴定方法。

本方法适用于黄顶菊的植株和瘦果的检疫鉴定。

二、定义

下列术语和定义适用于本方法。

（一）头状花序 capitulum

花无梗，密集着生于极度缩短而膨大的花轴上，呈头状，常具总苞。

（二）舌状花 ligulate floret

头状花序外圈瓣状物，具舌状花冠的小花。

（三）管状花 tubular floret

头状花序中央的小花，花冠呈筒状。

（四）总苞 involucre

包围花或花簇基部的一轮苞片。

（五）总苞片 phyllary

菊科植物总苞基部的一种叶状或鳞片状结构的苞片，或菊科总苞的一枚苞片。

（六）瘦果 achene

由1个、2个或3个心皮组成的单室果实，不开裂，内含种子1粒，果皮与种皮分离，种子仅在一点与子房壁相连；菊科植物的果实大多数是由2个心皮组成的瘦果。

（七）心花果 disc achene

头状花序的中间部分产生的瘦果，见于菊科植物。

（八）边花果 ray achene

头状花序的边缘部分产生的瘦果，见于菊科植物。

（九）果脐 hilnm

果实成熟时，由果柄上脱落下来留下的一个痕迹。

三、黄顶菊基本信息

中文名：黄顶菊。

中文别名：二齿黄菊。

学名：*Flaveria bidentis*（L.）Kuntze，1898。

异名：*Ethulia bidentis* L.，1767。

属菊科Compositae，黄菊属*Flaveria* Juss.。

四、方法原理

将现场采集和实验室检测中发现的疑似黄顶菊的植株、瘦果，通过肉眼、放大镜或体视显微镜观察，根据本方法描述的鉴定特征，按系统分类学方法进行判定。

五、仪器和器具

（一）仪器

体视显微镜（带目镜测微尺或镜台测微尺）、电子天平、电动筛或套筛。

（二）器具

放大镜、解剖刀、解剖针、镊子、指形管、培养皿、白瓷盘、棉花、样品袋、标本夹、标签、记录纸、标本瓶、标本盒、防虫剂、樟脑精、干燥剂。

六、实验室检测鉴定

（一）样品制备

将现场检疫抽取的送检样品充分混匀，制成平均样品。采用四分法，取平均样品的1/2 ~ 3/4（较少样品时）作为检验样品，其余的作为保存样品贴标签保存，称取并记录检验样品的质量。送检样品不足1.0 kg的全检。

（二）过筛检测

根据检验样品个体的大小确定套筛的规格，按照孔径从大到小依次套上套筛并加上筛底，将检验样品倒入最上层的套筛内，盖上筛盖，以回旋法过筛，或用电动筛振荡，使样品充分分离。把过筛的筛上物和筛下物分别倒入白瓷盘内，用镊子挑拣杂草籽，并放置于培养皿内于体视显微镜下观察。检验样品个体大于黄顶菊瘦果的主要检查筛下物；检验样品个体小于黄顶菊瘦果的主要检查筛上物。混杂于粮食、种子等植物及植物产品中的黄顶菊瘦果，一般在套筛孔径为0.7 ~ 2.5 mm的检验样品中获得。

（三）实验室鉴定

1.目测鉴定　用肉眼或借助放大镜将检出的杂草籽进行分类，挑出疑似黄菊属籽实。

2.镜检鉴定

(1) 直接观察。将疑似杂草籽置于体视显微镜下，观察其瘦果和种子表面的形态特征，并依据黄顶菊瘦果和种子表面形态特征以及黄顶菊及其近似种分种检索表对疑似杂草进行种类鉴定。黄顶菊及近似种分种检索表见第一章。

（2）解剖观察。从外观上难以鉴别时，可采用解剖法，将疑似杂草种子置于体视显微镜下，用解剖刀或解剖针对其进行解剖，观察种子切面、种胚的形状、颜色及大小等特征并鉴定。

七、鉴定特征

（一）黄菊属

1.基本生物学特性　一年生或多年生草本，稀灌木，高5.0 ~ 200.0 cm，少数可达400.0 cm。本属共有21种，主要分布于北美南部。

2.植株形态特征

（1）根。主根直立，须根多数。

（2）茎。茎直立疏散或横卧，常紫红色或淡灰绿色，无毛或密被短柔毛。

（3）叶。叶对生或交互对生，常基部连合，具柄或无柄；叶片线形、披针形、长圆状卵形、卵形、椭圆形或倒卵形，长2.0 ~ 15.0 cm，宽0.2 ~ 5.0 cm，无毛或具短柔毛，全缘或具锯齿。

（4）花。头状花序在枝顶聚集成平顶形的伞房状或近球形的复合花序；总苞近圆柱状或角状，总苞片2 ~ 6枚，卵形、船形、长圆形或披针形，具外苞片

1～2枚，较短，稀缺；花序托较小，无托片或具刚毛；舌状花1～2朵，花冠黄色，稀缺，雌性可育；管状花1～15朵，花冠黄色，5齿裂，两性可育；花柱分枝顶端钝。

(5) 果实。果实为瘦果，黑色，长圆形或线状长圆形，具纵肋10条。无冠毛，或透明的鳞片状冠毛2～4枚。

(6) 种子。种子单生，与果实同形；横切面椭圆形，胚大而直生，灰白色；无胚乳。

（二）黄顶菊

1.基本生物学特性　一年生草本。植株高10.0～250.0 cm（附图1-1）。

附图1-1　黄顶菊植株（张国良摄）

2. 植株形态特征

（1）根。主根直立，须根多数（附图1-2）。

附图1-2 黄顶菊的根（刘玉升提供）

（2）茎。茎直立，茎直径可达1.5 cm，茎具数条纵沟槽；茎下部木质，常带紫色，无毛或被微绒毛（附图1-3）。

附图1-3 黄顶菊的茎（郑浩摄）

（3）叶。单叶交互对生，叶片披针状椭圆形，亮绿色，长3.0 ~ 15.0 cm，宽1.0 ~ 3.5 cm；叶片基生三出脉，脉纹上面较凹，背面较凸，无毛或密被短柔毛；叶片边缘具锯齿或刺状锯齿；下部叶具0.3 ~ 1.5 cm长的叶柄，叶柄基部近于合生，上部叶无柄或近无柄；对生叶的基部均可长出小分枝，与主干形成三叉式（附图1-4）。

附图1-4　黄顶菊叶片（王忠辉摄）

（4）花。头状花序多位于主枝及分枝顶端，密集成蝎尾状聚伞花序；总苞长椭圆形，具棱，长约5.0 mm，黄绿色；总苞片3 ~ 4枚，苞片卵状椭圆形，内凹，先端圆或钝；外苞片小，1 ~ 2枚，长椭圆状披针形。边缘小花为舌状花，花冠较短，长

1.0 ～ 2.0 mm，黄白色，舌片不突出或微突出于闭合的小苞片外，直立，斜卵形，先端尖，长约1.0 mm或更短；心花为管状花，3 ～ 8枚，花冠长约2.3 mm，冠筒长约0.8 mm，檐部长约0.8 mm，漏斗状，裂片长约0.5 mm，先端尖；花药长约1.0 mm（附图1-5）。

附图1-5　黄顶菊花（付卫东摄）

（5）果实。果实为瘦果，黑色，稍扁，倒披针形或近棒状，无冠毛，果实上部稍宽，中下部渐窄，基部较尖；果实表面具10条纵棱，棱间较平，面上具细小的点状突起；直径可达0.7 ～ 0.8 mm；边花果长约2.5 mm，较大，心花果约2.0 mm，较小；果脐位于果实的基部，小果脐外围可见淡黄色的附属物（附图1-6）。

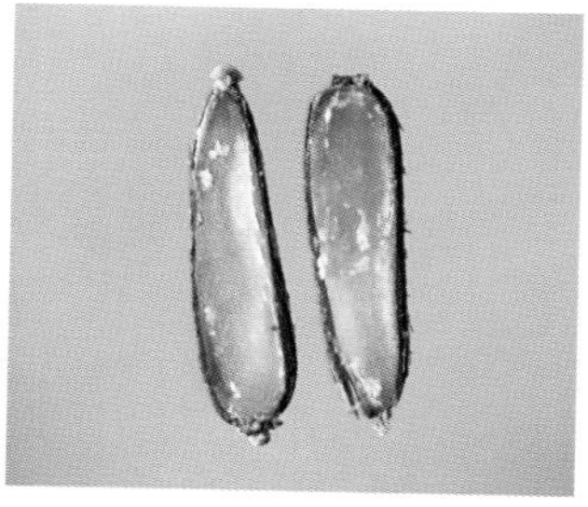

附图1-6 黄顶菊果实（郑浩摄）

（6）种子。种子单生，与果实同形；横切面椭圆形，周边纵棱可见；胚直立、乳白色、无胚乳（附图1-7）。

附图1-7 黄顶菊种子（王忠辉摄）

八、结果判定

以完整植株或成熟种子的形态特征为检疫鉴定的依据，符合黄顶菊植株形态特征描述的可鉴定为黄顶菊*Flaveria bideretis*（L.）Kuntze。

九、标本和样品的保存与处理

1.保存方法

（1）标本保存。将鉴定检出的黄顶菊植株压制成干标本，将鉴定检出的黄顶菊种子装入指形管或标本瓶内，加以标识，注明编号、中文名称、学名、科别、产地、货物名称、进出境日期，经手人签字后妥善保存。

（2）样品保存。保存样品按编号、中文名称、产地、进出境日期分别存放，并由经手人标识确认和样品管理员登记后，妥善保存。

2.保存时间　含有黄顶菊的样品，妥善保存至少6个月。

3.处理　保存期满后，含有黄顶菊的样品应作灭活处理。

附录2　外来入侵植物监测技术规程　黄顶菊

根据《外来入侵植物监测技术规程　黄顶菊》（NY/T 1866—2010）改写。

一、范围

本规程规定了黄顶菊监测的程序和方法。

本规程适用于对黄顶菊的监测。

二、规范性引用文件

下列文件对于本文件的应用是必不可少的。凡是注日期的引用文件，仅注日期的版本适用于本文件。凡是不注日期的引用文件，其最新版本（包括所有的修改单）适用于本文件。

NY/T 1861—2010　外来草本植物普查技术规程

三、术语和定义

下列术语和定义适用于本文件。

（一）监测　monitoring

在一定的区域范围内，通过走访调查、实地调查或其他程序持续收集和记录某种生物发生或不存在的数据的官方活动。

（二）适生区　suitable geographic distribution area

在自然条件下，能够满足一个物种生长、繁殖并可维持一定种群规模的生态区域，包括物种的发生区及潜在发生区（潜在扩散区域）。

四、监测区的划分

开展监测的行政区域内的黄顶菊适生区即为监测区。

以县级行政区域作为发生区与潜在发生区划分的基本单位。县级行政区域内有黄顶菊发生，无论发生面积大或小，该区域即为黄顶菊发生区。潜在发生区的划分应以农业农村部外来物种主管部门指定的专家团队作出的详细风险分析报告为准。

黄顶菊的识别特征见第一章。

五、监测方法与结果计算

（一）发生区的监测

1.监测点的确定　在开展监测的行政区域内，依次选取20%的下一级行政区域直至乡（镇）（有黄顶菊发生），每个乡（镇）选取3个行政村，设立监测点。黄顶菊发生的省、市、县、乡（镇）或村的实际数量低于设置标准的，只选实际发生的区域。

2.监测内容　监测内容包括黄顶菊的发生面积、分布扩散趋势、生态影响、经济危害等。

3.监测时间　每年对设立的监测点开展调查，监测开展的时间为黄顶菊的苗期和花期。

4.群落调查方法

（1）样方法。在监测点选取1 ～ 3个黄顶菊发生的典型生境设置样地，在每个样地内选取20个以上的样方，样方面积1 m^2。取样可采用随机取样、规则取样、限定随机取样或代表性样方取样等方法。

对样方内的所有植物种类、数量及盖度进行调查，调查的结果按表5-5、表5-6的要求记录和整理。

（2）样点法。在监测点选取1 ～ 3个黄顶菊发生的典型生境的地块，随机选取1条或2条样线，每条样线选50个等距的样点。表5-7给出了黄顶菊常见的一些生境中样线的选取方案，可参考使用。

样点确定后，将取样签（方便获取和使用的木签、竹签、金属签等均可）以垂直于样点所处地面的角度插入地表，插入点半径5 cm内的植物即为该样点的样本植物，调查样点内的所有植物并按表5-8、表5-9的要求记录和整理。

样方法或样点法确定后，在此后的监测中不可更改调查方法。

5.发生面积与经济损失调查方法 采用踏查结合走访调查的方法，调查各监测点中黄顶菊的发生面积与经济损失。根据所有监测点面积之和占整个监测区面积的比例，推算黄顶菊在监测区的发生面积与经济损失。

对发生在农田、果园、荒地、绿地、生活区等具有明显边界的生境内的黄顶菊，其发生面积以相应地块的面积累计计算，或划定包含所有发生点的区域，以整个区域的面积进行计算；对发生在草场、森林、铁路公路沿线等没有明显边界的黄顶菊，持GPS定位仪沿其分布边缘走完一个闭合轨迹后，将GPS定位仪计算出的面积作为其发生面积。其中，铁路路基、公路路面的面积也计入其发生面积。对发生地地理环境复杂（如山高坡陡、沟壑纵横），人力不便或无法实地踏查或使用GPS定位仪计算面积的，可使用目测法、通过咨询当地国土资源部门（测绘部门）或者熟悉当地基本情况的基层人员，获取其发生面积。

在进行发生面积调查的同时，调查黄顶菊危害造成的经济损失情况。经济损失估算方法参见NY/T 1861—2010的7.2部分。

调查的结果按表5-11的要求记录。

6. 生态影响评价方法　黄顶菊的生态影响评价按照NY/ T 1861—2010的7. 1部分规定的方法进行。

在生态影响评价中，通过比较相同样地中黄顶菊及主要伴生植物在不同监测年份的重要值的变化，反映黄顶菊的竞争性和侵占性；通过比较相同样地在不同监测年份的生物多样性指数的变化，反映黄顶菊入侵对生物多样性的影响。

监测中采用样点法时，不计算群落中植物的重要值，通过生物多样性指数的变化反映黄顶菊的影响。

（二）潜在发生区的监测

1. 监测点的确定　在开展监测的行政区域内，依次选取20％的下一级行政区域至地市级，在选取的地市级行政区域中依次选择20％的县（均为潜在分布区）和乡（镇），每个乡（镇）选取3个行政村进行调查。县级潜在分布区不足选取标准的，全部选取。在高风险场所及周边应额外设立监测点。

2.监测内容　黄顶菊是否发生。在潜在发生区监测到黄顶菊发生后，应立即全面调查其发生情况并按照发生区的监测规定的方法开展监测。

3.监测时间　在黄顶菊营养生长后期、花期至种子成熟期进行，此时其植株相对高大、有鲜艳的花朵或大量成熟花序，容易观察和识别。具体监测时间可根据离监测点较近的发生区或气候特点与监测区相似的发生区中黄顶菊的生长特性，或者根据现有的文献资料进行估计确定。

4.调查方法

（1）踏查结合走访调查。对距离黄顶菊发生区较近的区域、江河沟渠上游为黄顶菊发生区的区域、与黄顶菊发生区有频繁客货运往来的地区，应进行重点调查，可适当增加踏查和走访的频率（每年2次以上）；其他区域每年进行1次调查即可。调查结果按表5-2、表5-3的格式记录。

（2）定点调查。对港口、机场、园艺/花卉公司、种苗生产基地、良种场、原种苗圃、面粉厂、棉花加工厂等有对外贸易或国内调运活动频繁的高风险场所及周边，尤其是与黄顶菊发生区之间存在粮食、种子、花卉等植物和植物产品调运活动的地区及周边，进行定点跟踪调查。调查结果按表5-4的格式记录。

六、标本采集、制作、鉴定、保存和处理

在监测过程中发现的疑似黄顶菊而无法当场鉴定的植物，应采集制作成标本，并拍摄其生境、全株、茎、叶、花、果、地下部分等的清晰照片。标本采集和制作的方法参见NY/ T 1861—2010附录G。

标本采集、运输、制作等过程中，植物活体部分均不可遗撒或随意丢弃，在运输中应特别注意密封。标本制作中掉落后不用的植物部分，一律烧毁或灭活处理。

疑似黄顶菊的植物带回后，应首先根据相关资料自行鉴定。自行鉴定结果不确定或仍不能作出鉴定的，选择制作效果较好的标本并附上照片，寄送给有关专家进行鉴定。

黄顶菊标本应妥善保存于县级以上的监测负责部门，以备复核。重复的或无须保存的标本应集中销毁，不得随意丢弃。

七、监测结果上报与数据保存

发生区的监测结果应于监测结束后或送交鉴定的标本鉴定结果返回后7 d内汇总上报。

潜在发生区发现黄顶菊后，应于3 d内将初步结果上报，包括监测人、监测时间、监测地点或范围、初步发现黄顶菊的生境和发生面积等信息，并在详细情况调查完成后7 d内上报完整的监测报告。

监测中所有原始数据、记录表、照片等均应进行整理后妥善保存于县级以上的监测负责部门，以备复核。

附录3　黄顶菊综合防治技术规范

根据《黄顶菊防治技术规范》（NY/T 2529—2013）改写。

一、范围

本规范规定了外来入侵植物黄顶菊的综合防治原则、策略和技术。

本规范适用于不同生境黄顶菊的综合防治。

二、规范性引用文件

下列文件对于本文件的应用是必不可少的。凡是注日期的引用文件，仅注日期的版本适用于本文件。凡是不注日期的引用文件，其最新版本（包括所有的修改单）适用于本文件。

HJ/ T 80　有机食品技术规范

NY/ T 393　绿色食品　农药使用准则

NY/T 1866 外来入侵植物监测技术规程 黄顶菊

三、术语和定义

下列术语和定义适用于本文件。

（一）生境 habitat

生境指生物的个体、种群或群落生活地域的环境，包括必需的生存条件和其他对生物起作用的生态因素。

（二）替代控制 replacement control

利用植物间的互作关系，筛选一种或多种具有一定生态价值或经济价值的植物组合，种植于外来入侵植物发生地抑制其生长，以达到防治外来入侵植物的目的。

（三）资源化利用 resource utilization

指将外来入侵植物全株或部分器官直接作为原料利用或者对其进行加工后再生利用。

四、防治的原则和策略

（一）防治原则

采取“预防为主，综合防治”的原则。加强检疫和监测，防止黄顶菊向未发生区传播扩散；综合协调应用有关杂草控制技术措施，显著减少对经济和生态的危害，以取得最大的经济效益和生态效益。

（二）防治策略

采取群防群治与统防统治相结合的绿色防控措施，

根据黄顶菊发生的危害程度及生境类型，按照分区施策、分类治理的策略，综合利用检疫、农艺、物理、化学和生态措施控制黄顶菊的发生危害。

五、防治技术

（一）监测技术

1. 监测方法　参照NY/T 1866调查黄顶菊发生生境、发生面积、危害方式、危害程度、潜在扩散范围、潜在危害方式、潜在危害程度等（黄顶菊的形态鉴别参见第一章）。掌握黄顶菊发生动态，防范黄顶菊传入或扩散，为防治提供决策依据。

2. 危害等级划分　根据黄顶菊的覆盖度，将黄顶菊危害分为3个等级：

1级：轻度发生，覆盖度＜5%；

2级：中度发生，覆盖度5%～20%；

3级：重度发生，覆盖度＞20%。

（二）农业防治

1. 翻耕　春秋两季播种前，翻耕5 cm以上，抑制黄顶菊种子的萌发。

2. 覆盖　农田或果园，密实覆盖植物秸秆或覆盖黑色地膜遮光，降低黄顶菊出苗。

（三）物理防治

黄顶菊开花前进行人工拔除或机械铲除，将拔出或铲除的黄顶菊集中深埋或堆肥处理。

（四）化学防治

播前土壤处理或黄顶菊4 ～ 6叶期茎叶处理。不同生境中化学药剂的选择及施用方法见表6-1。

（五）替代控制

根据黄顶菊发生不同生境选择适宜的替代植物或植物组合。推荐替代植物种类及种植方法参见表6-2。

（六）资源化利用

黄顶菊种子成熟之前，采集黄顶菊植株用作植物源染料、植物源杀虫剂和草粉饲料的原料。资源化利用的方法参见第六章第七节内容。

六、发生区综合防治措施

（一）农田

1.农田内　作物种植前可深翻土壤，减少黄顶菊种子的萌发。

黄顶菊轻度发生时，可采取人工拔除或机械铲除。

黄顶菊中度或重度发生时，根据农田作物种类选择适合除草剂喷施防除，农田内黄顶菊化学防除药剂的选择及施用方法见表6-1。

玉米田中可采用小麦秸秆覆盖技术，对出苗的黄顶菊辅以化学防除，药剂的施用量可为推荐用量的75%～80%。

2. 田周边　黄顶菊轻度发生时，可采取物理防治。

黄顶菊中度或重度发生时，可在黄顶菊苗期采用草甘膦对靶喷雾。如适合种植替代植物，可根据实际情况选择向日葵、紫花苜蓿、高丹草等，或种植隔离植物，隔离带宽至少60 cm。

（二）荒地

在黄顶菊出苗后，可施用氨氯吡啶酸、乙羧氟草醚、三氯吡氧乙酸或硝磺草酮进行防除，既能防治黄顶菊，又可保护本地禾本科杂草。

如适合种植替代植物，在黄顶菊苗期，采用草甘膦对靶喷雾。喷药2 d后，适当松土，替代植物可根据实际情况选择紫花苜蓿、小冠花、菊芋等。

（三）林地、果园

黄顶菊轻度发生时，可采取物理防治，人工拔除或机械铲除。

黄顶菊中度或重度发生时，可施用硝磺草酮或乙羧氟草醚防除。施用氨氯吡啶酸，需选择无风天气，并避开杨树等敏感植物，喷药时加防护罩。

适合种植替代植物的地区可在苗期采用草甘膦对靶喷雾。替代植物可选择紫花苜蓿或其他禾本科牧草。

（四）沟渠、河坡

黄顶菊轻度发生时，可采取物理防治，人工拔除或机械铲除。

黄顶菊中度或重度发生时，可施用氨氯吡啶酸定向喷雾。喷雾时选择无风天气，并加防护罩。

适合种植替代植物的地区可在苗期采用草甘膦对靶喷雾。喷药2 d后，适当松土，替代植物可选择鸭茅、籽粒苋、柳枝稷等。

如水源用作饮用、养殖或灌溉等，尽量采用物理防治及替代控制，慎用化学防治。

（五）路边

黄顶菊轻度发生时，可采取物理防治，人工拔除或机械铲除。

黄顶菊中度或重度发生时，采用氨氯吡啶酸、氯氟吡氧乙酸或苄嘧磺草胺定向喷雾。喷雾时选择无风天气，并加防护罩。

适合种植替代植物的地区可在苗期采用草甘膦对靶喷雾。喷药2 d后，适当松土，替代植物可选择紫穗槐、荆条、鸭茅等，单种混播皆可。

（六）有机农产品和绿色食品产地

有机农产品和绿色食品产地实施黄顶菊防治，应遵照NY/T 393、HJ/T 80中的规定，根据允许使用的农药种类、剂量、时间、使用方式等规定进行控制。不得使用农药的应采用物理防治的方法进行控制。

七、防治效果评价

防治措施实施后，应对控制效果进行评价；新发区域采取控制措施后，经过2个生长季节的连续监测黄顶菊土壤种子库、地表植物群落，未再发生，宣布根除成功，并做好后预防措施。发生区域采取防治措施4周后，进行防效评估，未达到预期控制效果的，应对综合防治方案进行评议修订，并决定是否再次启动防控程序。

主要参考文献

白艺珍，曹向锋，陈晨，等，2009. 黄顶菊在中国的潜在适生区[J]. 应用生态学报，20(10):2377-2383.

曹向锋，2010. 外来入侵植物黄顶菊在中国潜在适生区预测及其风险评估[D]. 南京：南京农业大学.

曹向锋，钱国良，胡白石，等，2010. 采用生态位模型预测黄顶菊在中国的潜在适生区[J]. 应用生态学报，21(12):3063-3069.

柴民伟，2013. 外来种互花米草和黄顶菊对重金属和盐碱胁迫的生态响应[D]. 天津：南开大学.

柴民伟，潘秀，石福臣，2011. 不同盐胁迫对外来植物黄顶菊生理特征的影响[J]. 西北植物学报，31(4):754-760.

陈艳，2008. 外来入侵杂草黄顶菊对小麦的化感作用分析[D]. 重庆：西南大学.

储嘉琳，张耀广，王帅，等，2016. 河南省外来入侵植物研究[J]. 河南农业大学学报，50(3):389-395.

杜继林，2012. 黄顶菊中挥发油成分的研究[D]. 北京：北京化工大学.

樊翠芹，王贵启，李秉华，等，2008. 黄顶菊生育特性研究[J]. 杂草科学(3):37-39.

樊翠芹，王贵启，李秉华，等，2010. 黄顶菊的开花和成熟特性研究[J]. 河北农业科学，14(2):27-29.

冯建永，庞民好，张金林，等，2010. 复杂盐碱对黄顶菊种子萌发和幼苗生长的影响及机理初探[J]. 草业学报，19(5):77-86.

冯建永，陶晡，庞民好，等，2009. 黄顶菊化感物质释放途径的初步研究[J]. 河北农业大学学报，32(1):72-77.

付卫东，何兰，张国良，等，2009. 黄顶菊系列染料制备工艺和用途：中国，ZL 200910250534.9[P].

付卫东，张国良，张瑞海，等，2010a. 一种蚊香助燃剂：中国，ZL 201010584787.2[P].

付卫东，张国良，张瑞海，等，2010b. 利用沙打旺替代控制黄顶菊的方法：中国，ZL 201010558869.X [P].

付卫东，张国良，张瑞海，等，2012. 一种用黄顶菊作原料的鸡饲料及其制作方法：中国，201210261406.6[P].

郭琼霞，1999. 杂草种子彩色鉴定图鉴[M]. 北京：中国农业出版社.

郭琼霞，黄可辉，2009. 检疫性杂草——黄顶菊[J]. 武夷科学，25(12):13-16.

郭媛媛，黄大庄，闫海霞，2011. NaCl胁迫对黄顶菊生长及生理生化的影响[J].北华大学学报(自然科学版)，12(3):341-345.

皇甫超河，陈冬青，王楠楠，等，2010.外来入侵植物黄顶菊与四种牧草间化感互作[J].草业学报，19(4):22-32.

皇甫超河，张天瑞，刘红梅，等，2010.三种牧草植物对黄顶菊田间替代控制[J].生态学杂志，29(8):1511-1518.

纪巧凤，宋振，张国良，等，2014.黄顶菊入侵对土壤磷细菌多样性的影响[J].农业资源与环境学报，31(2):175-181.

贾兰英，韩建华，刘淑萍，等，2010.天津市外来入侵生物黄顶菊调查现状与治理对策[J].农业环境与发展，27(2):59-61.

姜娜，皇甫超河，王楠楠，等，2012.替代牧草对黄顶菊生物量分配及光合作用的影响[J].生态学杂志，31(8):1903-1910.

孔垂华，胡飞，2001.植物化感(相克相生)作用及其应用[M].北京：中国农业出版社.

李红岩，高宝嘉，南宫自艳，等，2010.河北省黄顶菊4个地理种群遗传结构分析[J].应用与环境生物学报，16(1):67-71.

李齐昌，2013.危险性外来入侵植物黄顶菊在德州市的发生、分布[J].中国农业信息(3):106.

李少青，倪汉文，方宇，等，2010.黄顶菊种子休眠与种子寿命研究[J].杂草科学(2):18-21.

李香菊，王贵启，张朝贤，等，2006.外来植物黄顶菊的分布、特征特性及化学防除[J].杂草科学(4):58-61.

李香菊，张米茹，李咏军，等，2007.黄顶菊水提取液对植物种子发芽及胚根伸长的化感作用研究[J].杂草科学(4):15-19.

刘丰，2008.外来生物入侵预警网络平台的设计与构建[D].北京：中国农业大学.

刘丰，张国良，高灵旺，2008.外来生物入侵预警网络平台的设计构建及初步应用[J].杂草科学(3):17-21.

刘宁，2013.黄顶菊入侵对不同生境土壤动物群落的影响[D].泰安：山东农业大学.

刘宁，刘玉升，2011. 山东省黄顶菊的发生与综合防除[J]. 杂草科学，29(1):42-44.

刘全儒，2005.中国菊科植物新归化属——黄菊属[J].植物分类学报，43(2):178-180.

刘颖超，张金林，庞民好，等，2007.黄顶菊提取物在除草剂中的应用：中国，200710061863.X[P].

刘玉升，刘宁，付卫东，等，2011.外来入侵植物黄顶菊山东省发生现状调查[J].山东农业大学学报(自然科学版)，42(2):187-190.

芦站根，周文杰，2006.外来植物黄顶菊潜在危险性评估及防除对策[J].杂草科学(4):4-6.

芦站根，周文杰，2008.温度、土壤水分和NaCl对黄顶菊种子萌发的影响[J].植物生理学通讯，44 (5): 939-942.

陆秀君，董立新，李瑞军，等，2009.黄顶菊种子传播途径及定植能力初步探讨[J].江苏农业科学(3):140-141.

牛成峰，郑长英，迟胜起，2010.危险性外来入侵植物黄顶菊在山东省的发生与分布[J].青岛农业大学学报(自然科学版)，

27(3):224-227.

彭军，马艳，李香菊，等，2012.外来入侵杂草黄顶菊与棉花的竞争作用[J].棉花学报，24(3)：272-278.

彭军，马艳，李香菊，等，2013.黄顶菊对棉铃虫及斜纹夜蛾的生物活性研究[J].中国棉花，40(6):18-21.

任艳萍，古松，江莎，等，2008.温度、光照和盐分对外来植物黄顶菊种子萌发的影响[J].云南植物研究，30(4):477-484.

任艳萍，江莎，古松，等，2008.外来植物黄顶菊(*Flaveria bidentis*)的研究进展[J].热带亚热带植物学报，16(4):390-396.

商明清，常文程，张德满，等，2011.外来入侵植物黄顶菊在山东省的发生现状与防控建议[J].植物检疫，25(6):88-89.

唐秀丽，2012.黄顶菊对玉米植物的化感作用及其机理研究[D].重庆：西南大学.

滕忠才，李瑞军，陆秀君，等，2011.动物过腹对黄顶菊种子活力的影响[J].植物检疫，25(2):14-17.

田佳源，张思宇，皇甫超河，等，2018.不同氮肥梯度下黄顶菊混植密度对玉米生长的影响[J].中国农学通报，34(20):26-33.

王保廷，张志强，高增利，等，2012.黄顶菊的发生面积与环境分布调查[J].农业开发与装备(6):157-158.

王贵启，苏立军，王建平，2008.黄顶菊种子萌发特性研究[J].河北农业科学，12(4):39-40.

王贵启，许贤，王建平，等，2011.黄顶菊对棉花生长及产量的影响[J].植物保护，37(3):84-86.

王海旺，郭淑荣，王书凤，等，2009.黄顶菊在天津市的分布情况调查及防控建议[J].天津农林科技(5):16-17.

王贺军，2008.河北省黄顶菊疫情发生动态与防控工作进展[J].中国植保导刊，28(8):37-39.

王蕾，2008.外来植物黄顶菊入侵对土壤理化性质及生物活性的影响[D].合肥:安徽农业大学.

王青秀，李俊红，王金水，2008.河南省内黄县黄顶菊的综合防控[J].植物检疫，22(5):326.

王秀彦，2011.干旱胁迫下黄顶菊生理生化指标变化规律的研究[D].保定:河北农业大学.

王秀彦，阎海霞，黄大庄，2011.干旱胁迫对黄顶菊光合特性的影响[J].安徽农业科学，39(13):7653-7655，7819.

王燕峰，2007.黄顶菊的发生危害及防除措施[C]//河南省植物病理学会，河南省植物保护研究进展Ⅱ（下）:745-746.

王月娟，2015.黄顶菊提取物和α-三噻吩对棉铃虫的杀虫活性[D].泰安:山东农业大学.

魏立婷，杨松，韩淑伟，等，2017.黄顶菊秸秆制备刨花板工艺研究[J].林业机械与木工设备，45(9)：24-27.

文杰，2010.黄顶菊提取物对蚜虫、玉米螟等的生物活性初试[J].江苏农业科学(6):198-199.

武文超，徐晶，王英超，等，2019.入侵植物黄顶菊的研究进展[J].教育教学论坛(1):84-85.

许贤，王贵启，樊翠芹，等，2010.外来入侵植物黄顶菊生长及光合特性[J].华北农学报,25(增刊):133-138.

闫素丽,皇甫超河,李刚,等,2011.四种牧草植物替代控制对黄顶菊入侵土壤细菌多样性的影响[J].植物生态学报,35(1):45-55.

严加林,苏正川,谭万忠,等,2014.外来杂草黄顶菊*Flaveria bidentis*对4种重要作物的化感抑制效应测定[J].西南师范大学学报（自然科学版）,39(1):28-33.

杨殿林,皇甫超河,刘红梅,等,2010.一种采用生态替代控制黄顶菊入侵的方法:中国,ZL 201010031325. 8[P].

曾彦学,刘静榆,严新富,等,2008.台湾新归化菊科植物——黄顶菊[J].林业研究季刊,30(4):23-28.

张风娟,韩月龙,陈凤,等,2018.一种控制黄顶菊外来入侵的生物替代方法:中国,201810083133.8[P].

张风娟,李继泉,徐兴友,等,2009.环境因子对黄顶菊种子萌发的影响[J].生态学报,29(4):1947-1953.

张国良,曹坳程,付卫东,2010.农业重大外来入侵生物应急防控技术指南[M].北京:科学出版社.

张国良,付卫东,韩颖,等,2009a.利用向日葵和多年生黑麦草组合替代黄顶菊的方法:中国,ZL 200910265408.0[P].

张国良,付卫东,韩颖,等,2009b.利用向日葵和紫花苜蓿组合替代黄顶菊的方法:中国,ZL 200910249678.2[P].

张国良,付卫东,韩颖,等,2009c.利用籽粒苋替代黄顶菊的方法:中国,ZL 200910265407.6[P].

张国良,付卫东,韩颖,等,2009d.利用紫花苜蓿替代黄顶菊的方法:中国,ZL 200910249679.7[P].

张国良,付卫东,张瑞海,等,2010.利用紫穗槐替代控制黄顶菊的方法:中国,ZL 201010558867.0 [P].

张国良,付卫东,郑浩,等,2014.黄顶菊入侵机制入综合治理[M].北京:科学出版社.

张建中,2013.一种黄顶菊植物源纳米缓释油悬浮剂及其制备方法:中国,201310408678.9[P].

张金林,刘颖超,庞民好,等,2007.黄顶菊提取物除草剂乳油及其制备工艺:中国,ZL200710061859.3[P].

张玲敏,张倩,吕慧芳,等,2005.α-三噻吩对白纹伊蚊抗溴氰菊酯品系幼虫的毒杀作用[J].暨南大学学报(医学版),26(6):772-775.

张米茹,2010.入侵性杂草黄顶菊生态学特性研究[D].北京:中国农业科学院研究生院.

张米茹,李香菊,2010.光对入侵性植物黄顶菊种子萌发及植株生长的影响[J].植物保护,36(1):99-102.

张瑞海,2010.黄顶菊替代植物的筛选及其与黄顶菊竞争效应的研究[D].福州:福建农林大学.

张瑞海,付卫东,宋振,等,2016.河北地区黄顶菊土壤种子库特征及其对替代控制的响应[J].生态环境学报,25(5):775-782.

张天瑞,皇甫超河,白小明,等,2010.黄顶菊入侵对土壤养分和酶活性的影响[J].生态学杂志,29(7):1353-1358.

张天瑞,皇甫超河,白小明,等,2011.不同生境黄顶菊种子萌发对干旱胁迫的响应[J].草原与草坪,30(6):79-83.

张则恭，郭琼霞，1995.杂草种子鉴定图说·第一册[M]. 北京：中国农业出版社.

赵丹，白丽荣，赵帅，2013.黄顶菊提取液对旱稻种子的化感作用[J].河南农业科学，42(7):80-83.

赵晓红，皇甫超河，曲波，等，2014. 黄顶菊（*Flaveria bidentis*）入侵对土壤微生物功能多样性的影响[J].农业资源与环境学报，31(2):182-189.

郑辉，2018.利用黄顶菊秸秆和桦木刨花制造环保型家装建材板的方法：中国，201811403750.8 [P].

郑书馨，2010.黄顶菊生殖生物学研究[D].天津：南开大学.

郑翔，2012.入侵初期黄顶菊生长、发育动态及替代植物的研究[D].保定：河北农业大学.

郑云翔，郑博颖，2007.黄顶菊的传播及对生态环境的影响[J].杂草科学(2):30-31.

郑志鑫，2018.入侵植物黄顶菊在我国的时空扩散动态与适生区预测[D].保定：河北大学.

郑志鑫，王瑞，张风娟，等，2018.外来入侵植物黄顶菊在我国的地理分布格局及其时空动态[J].生物安全学报，27(4):295-299.

周君，2010.黄顶菊（*Flaveria bidentis*）对其入侵生境的主要生态适应性分析[D].重庆：西南大学.

Agnese A M, NunezMontoya S C, Espinar L A, et al,1999. Chemotaxonomic features in Argentinian specie[J]. Biochemical Systematics and Ecology(27):739-742.

Agrawal P K, 1989. Carbon-13 NMR of Flavonoids[M]. Elsevier Amsterdan: 95-182.

Bardon A, Borkosky S, Ybarra M I, et al, 2007. Bioactive plants from Argentina and Bolivia[J]. Fimtoterapia, 78(3):227-231.

Broussalis A N, Fenrraro G E martino V S, 1999. Argentine plants as potential source of insecticidal compounds[J]. Journal of Ethnophar macology(67):219-233.

Cabrera J L, Juliani H R, 1976. Quercetiri3- acety-7, 3', 4'-trisu lphate from *Flaveria bidentis*[J]. Lloydia(39):253-254.

Cronquist A, 1980. Vascular Flora of the Southeastern United States(Vol.1). Asteraceae[M]. The University of North Caroliua Press, Chapel Hill:88-89.

Enomoto T, 2004. Naturalized plants from forign country into Japan[OL].http: //www. rib. okayama-u. ac. jp/wild/kika/kika_table. htm.

Ferraro G, Groussalis A, Martino V, et al, 1992. Argentine medicinal Plant antiviral screening[J]. International SymPosjum on Medicinal and Aromatic Plank(306):239-244.

Forman J, 2003. The introduction of American plant species into Europe: issues and consequences[M]//Child L E, Brock J H, Brundu G, et al. Plant Invasions: Ecological Threats and Management Solutions. Backhuys Puplishers, Leiden, The Nethehlands. 17-19.

Guglielmone H A, Agnese A M, NunezMontoya S, et al, 2002.

Anticoagulant effects and action mecllanism of sulphated flavonoids from *Flaveria bidentis*[J]. Thromb Res(105):183-188.

Guglielmone H A, Agnese A M, NunezMontoya S, et al, 2005. Inhibitory effects of sulphated flavonoiids isolated from *Flaveria bidentis* on Platelet aggregation[J]. Tromb Res (115):495-502.

Hansen A, Carrion J S, 1990. *Flaveria bidentis* (L.) Kuntze (Asteraceae), nueva adventicia para Espana [*Flaveria bidentis* (L.) Kuntze (Asteraceae), new adventitious plant for Spain][J]. Candollea, 45(1):235-240.

Lebrun J P, Doutre M, Hebrard L, 1993. Three adventive phanerogams new to Senegal[J]. Candollea, 48(2):339-342.

Mauchamp A, 1997. Threats from alien plant species in the Galapagos Islands[J]. Conservation, (11):260-263.

McKown A D, Moncalvo J M, Dengler N G, 2005. Phylogeny of *Flaveria* (Asteraceae) and inference of C_4 photosynthesis evolution[J]. American Journal of Botany, 92(11):1911-1928.

Pereyrade S O J, Juliani H R, 1972. Isolation of quercetin3, 7, 3', 4'-tetrasulphate from *Flaveria bidentis*, Otto Kuntze[J]. Experientia(28):380-381.

Powell A M, 1978. Systematics of *Flaveria* (Flaveriinae Asteraceae)[J]. Annals of the Missouri Botanical Garden, 65(2): 590-636.

Ricciardi A, Esquivel G, 1986. Plantas de posible utilidad en e1 control de insectos[J]. Anales SAIPA. (7):40-64.

Tye A, 2004. Invasive plant problems and requirements for weed risk assessment in the Galagos Islands[OL]. http://www.hear. org/iwraw/1999/papers/tyefinal. Pdf.

图书在版编目（CIP）数据

黄顶菊监测与防治/付卫东等著．—北京：中国农业出版社，2019.12
（外来入侵生物防控系列丛书）
ISBN 978-7-109-26454-0

Ⅰ．①黄…　Ⅱ．①付…　Ⅲ．①菊科–外来入侵植物–监测②菊科–外来入侵植物–防治　Ⅳ．①Q949.783.5②S451.1

中国版本图书馆CIP数据核字（2020）第020198号

中国农业出版社出版
地址：北京市朝阳区麦子店街18号楼
邮编：100125
责任编辑：冀　刚
版式设计：李　文　　责任校对：吴丽婷
印刷：中农印务有限公司
版次：2019年12月第1版
印次：2019年12月北京第1次印刷
发行：新华书店北京发行所
开本：850mm×1168mm　1/32
印张：7.25
字数：120千字
定价：72.00元

版权所有·侵权必究
凡购买本社图书，如有印装质量问题，我社负责调换。
服务电话：010－59195115　010－59194918